Praxis der Bauwirtschaft

Herausgegeben von Professor Dr. Karlheinz Pfarr

Karlheinz Pfarr
Manfred Koopmann
Detlef Rüster

Was kosten Planungsleistungen?

Kalkulieren – aber richtig!

Mit 57 Abbildungen

Springer-Verlag Berlin Heidelberg New York
London Paris Tokyo 1989

Forschungsgemeinschaft
Prof. Dr. Karlheinz Pfarr
Dr.-Ing. Manfred Koopmann
Dipl.-Ing. Detlef Rüster
Brahmsstraße 3
1000 Berlin 33

ISBN-13:978-3-642-83636-7   e-ISBN-13:978-3-642-83635-0
DOI: 10.1007/978-3-642-83635-0

Vorwort

Anfang der 70er Jahre wurden anläßlich der Neugestaltung der HOAI (1977) erstmalig betriebsvergleichende Untersuchungen in größerem Maßstab durchgeführt, die sich auf die Kostenartenstruktur und den Gemeinkostenzuschlagssatz, die Gehaltsentwicklung und den Stundensatz von Architekten- und Ingenieurbüros bezogen.

In den letzten Jahren wurde gelegentlich von einzelnen Kammern und Verbänden versucht, das Datenmaterial fortzuschreiben. Die Untersuchungen, die häufig nur regionale Aussagekraft hatten, litten vor allem darunter, daß man bei der Erhebung Zugeständnisse an die Genauigkeit der Daten machte, um möglichst viele Büros für die Mitarbeit gewinnen zu können. Wer Einblick in die ausgefüllten Erhebungsbögen nehmen konnte, wollte den Ergebnissen deshalb auch keinen großen Erkenntniswert beimessen.

Darüber hinaus wiesen einige Untersuchungen erhebliche methodische Mängel auf, so daß eine Reihe von Einflußgrößen, wie kalkulatorisches Inhabergehalt, Projektstundenzahl, Schichtung der Gemeinkostenhierarchie, auf den mittleren Projektstundensatz ungeklärt blieben.

Seit eineinhalb Jahren liegt am Lehrstuhl eine veröffentlichungsreife Untersuchung über diesen Problemkomplex vor, die ich mit meinen Mitarbeitern, Herrn Dr.-Ing. Koopmann und Herrn Dipl.-Ing. Rüster erarbeitet hatte. Andere wichtige Forschungsvorhaben ließen die Untersuchung fast in Vergessenheit geraten.

Als Mitte dieses Jahres mit dem Bundeswirtschaftsministerium über einige Probleme der HOAI, wie Honorareffizienzverluste und "Planen und Bauen im Bestand", diskutiert wurde, erkannte man, daß die Stundensatzermittlung eine zentrale Schiene für beide Problembereiche darstellt. Augenblicklich laufen bei ca. 450 Architekten- und Ingenieurbüros entsprechende Erhebungen. Die Ergebnisse werden im Frühjahr 1989 vorliegen und dann von allen Beteiligten (Auftraggebern und Auftragnehmern von Planungsleistungen) leidenschaftlich diskutiert werden. Den wissenschaftlichen Hintergrund und die praktische Verfahrensweise für die richtige Interpretation bietet die vorliegende Veröffentlichung.

Berlin im Januar 1989

Prof. Dr. Karlheinz Pfarr
Dr.-Ing. Manfred Koopmann
Dipl.-Ing. Detlef Rüster

Inhaltsverzeichnis

Verzeichnis der Bilder

Verzeichnis der Tabellen

1 Einführung

1.1 Problemstellung

Die Frage "Was kosten Planungsleistungen?" kann aus zwei verschiedenen Perspektiven gestellt werden, nämlich vom Auftraggeber und vom Auftragnehmer von Planungsleistungen. Für den Auftraggeber ist die Frage relativ leicht zu beantworten, nämlich das, was er bereit ist, nach HOAI zu bezahlen. In den meisten Fällen ist dies - wie die HOAI-Praxis der letzten 10 Jahre lehrt - der Mindestsatz. Dem Auftraggeber ist es dabei gleichgültig, ob das ausgehandelte Honorar für den Architekten oder Ingenieur auskömmlich war, ob dieser seine sämtlichen Kosten decken konnte oder noch einen Überschuß erzielen konnte.

Für den Auftragnehmer von Planungsleistungen sieht das schon anders aus. Er muß, wenn er überleben will, wirtschaftlich arbeiten. Die Güte seiner Büroführung läßt sich vornehmlich an der Wirtschaftlichkeit messen. Denn die Art, wie sich ein Planungsbüro in dieser Beziehung verhält, entscheidet weitgehend über das Ergebnis seiner Gewinn- und Verlustrechnung.

Für den Auftragnehmer stellt sich also die Frage, ist der Gewinn schlecht wegen zu niedriger Honorare, wegen verlorener Honorareffizienz, wegen zu hoher Kosten im Personal- und/oder Sachbereich, wegen schlechter Auslastung usw.

Hier liegen also eine Reihe von Einflußgrößen vor, die das Betriebsergebnis entscheidend beeinflussen können.

Es ist jammerschade, daß so viele wertvolle Kraft in den Planungsbüros fast ausschließlich auf die Aufbereitung von Unterlagen für die Jahresschlußrechnung gerichtet wird. Alle damit befaßten Personen sind von den Erfordernissen der Finanzbuchhaltung, den Terminen des Finanzamtes, den Geheimnissen der Steuerbilanz und den Erläuterungen ihres Steuerberaters geistig so in die "Zwangsjacke geschnallt", daß sie diejenigen Informationen, die sie für die Führung des Büros als Kennzahlen verwenden könnten, kaum sinnvoll aufzubereiten in der Lage sind.

Es soll unter anderem Aufgabe dieser Veröffentlichung sein, hier Möglichkeiten aufzuzeigen, wie dieses Zahlenmaterial, das ohnehin im Büro anfällt, für die wirtschaftliche Führung ausgestaltet werden kann.

Planungsbüros agieren in einer Umwelt, die ihnen bestimmte "Spielregeln" vorgibt. Die Inhaber und/oder Partner können zwar autonom ihre Ziele wählen, doch nur unter Beachtung der durch das gesellschaftliche Umsystem gesetzten Restriktionen, die allerdings im Zeitablauf variabel sind.

In einer wie bei uns hoch entwickelten Volkswirtschaft existiert ein umfangreiches Instrumentarium zur "Verhaltenssteuerung" der Unternehmungen und natürlich auch der Planungsbüros. Steuern, Sozialabgaben, Auflagen, Subventionen usw. dienen schließlich dazu, ein bestimmtes Verhalten zu bewirken, das aus gesellschaftlicher Perspektive als wünschenswert gilt; ob sie der Betroffene auch so einschätzt, soll dahingestellt bleiben.

Damit das Büromanagement richtig steuern kann, bedarf es der richtigen Information. Die Kennzahlenrechnung nimmt hier eine gewisse Schlüsselstellung ein, da sie die gewünschten Informationen knapp und gut überschaubar anbietet. Eine Kennzahl als absolute Zahl oder als Verhältniszahl geliefert, ist als ein rechnungstechnisches Mittel aufzufassen, das der Quantifizierung von Informationen für Entscheidungsprobleme der verschiedensten Art dienen kann.

Die spezifischen Aufgaben von Kennzahlen lassen sich gut veranschaulichen und gegeneinander abgrenzen, wenn man die Tableaus von Bild 1 in ihrer Verschachtelung betrachtet.

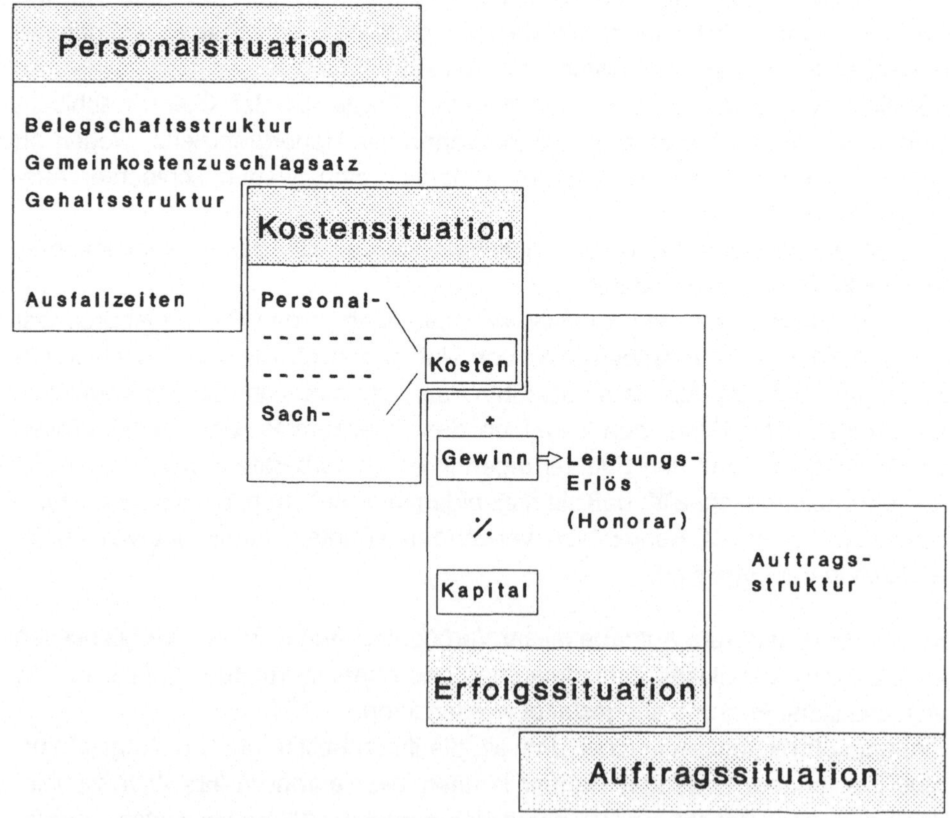

Bild 1: Wichtige Funktionsbereiche und ihre "Verschachtelung"

Eine Reihe von Bürozielen lassen sich durch bestimmte Kennzahlen ausdrücken: Einkommensziele durch Gewinn- und Rentabilitätsziffern, Sicherheitsziele durch Kapitalstrukturziffern oder Liquiditätsziffern, Wachstumsziele durch Zuwachsraten für Umsatz und soziale Ziele durch Sozialausgaben je Mitarbeiter.

Im Mittelpunkt steht also das Tableau Erfolgssituation mit den Kennzahlen

$$\text{Wirtschaftlichkeit} = \frac{\text{Leistung}}{\text{Kosten}} \; ; \; \text{z.B.} \quad \frac{2.000.000 \text{ DM}}{1.900.000 \text{ DM}} = 1{,}052$$

$$\text{Umsatzrentabilität} = \frac{\text{Gewinn}}{\text{Umsatz}} \; ; \; \text{z.B.} \quad \frac{100.000 \text{ DM}}{2.000.000 \text{ DM}} = 5\,\%$$

$$\text{Kapitalrentabilität} = \frac{\text{Gewinn}}{\text{Kapital}} \; ; \; \text{z.B.} \quad \frac{100.000 \text{ DM}}{400\,000 \text{ DM}} = 25\,\%$$

Verfolgen wir den Umsatz nach rechts, kommen wir in das Feld Auftragssituation. Beträgt der Auftragsbestand 1.000.000 DM, so schieben wir einen halben Jahresumsatz vor uns her. Selbstverständlich können wir diesen noch in seiner Auftragszusammensetzung (Sparte, Größe) näher aufgliedern.

Gehen wir nach links in das Tableau Kostensituation, so können wir hier die Kostenartenstruktur (vgl. Bild 20) eintragen. In einem weiteren Schritt nach links nehmen wir für die wichtigste Kostenart Personalkosten (75 % der Gesamtkosten) das Tableau Personalsituation zur Hand.

Neben der Belegschaftsstruktur können hier Kennzahlen über sozial- und betriebsbedingte Ausfallzeiten dargestellt werden.

Aber auch auseinander liegende Tableaus lassen sich vernetzen:

$$\frac{\text{Umsatz}}{\text{Beschäftigten}}$$

$$\frac{\text{Umsatz}}{\text{Projektmitarbeiter}} \quad \text{usw.}$$

1.2 Begriffliches Instrumentarium und Rechengrößen

Die in den Planungsbüros leider häufig anzutreffende "babylonische Sprach-
verwirrung" trägt sicherlich nicht dazu bei, daß sich alle, die mit den Fragen der
wirtschaftlichen Führung in Planungsbüros zu tun haben, rasch und zweifelsfrei
untereinander verständigen können. Der erste Schritt zum Verständnis des
Problems liegt darin, eine einheitliche Sprache zu schaffen und diese konse-
quent durchzuhalten.

Zunächst können wir, wenn wir auf Bild 2 sehen, sagen, Produktivität, Wirtschaftlichkeit und Gewinn sind Stufen auf der Treppe zur Einkommenserzielung.

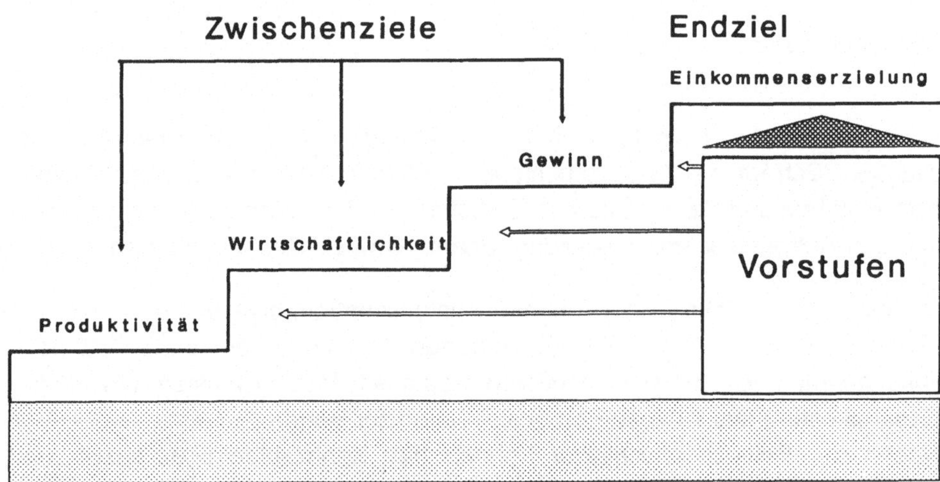

Bild 2: Vorstufen zur Einkommenserzielung

Einkommen ist jener Betrag, welcher einem bestimmten Wirtschaftssubjekt,
z.B. dem Büroinhaber, in einem bestimmten Zeitraum (z. B. Jahr) zufließt. Es
stellt für den einzelnen ein Quantum an wirtschaftlicher Verfügungsmacht dar,
das er zur Bedürfnisbefriedigung verwenden kann. Ohne Gewinn aber ist kein
Einkommen möglich.
Was ist Gewinn? Die positive Differenz zwischen Honorarerlös und Kosten des
Büros. Sieht die Differenz negativ aus, sprechen wir von Verlust. Die Formel
lautet also:

$$\text{Kosten} \quad \begin{array}{l} + \text{ Gewinn} \\ - \text{ Verlust} \end{array} \quad = \text{ Preis} \quad (\text{Erlös für erbrachte Leistung})$$

Der Preis ist die geldmäßige Gegenleistung für die Einheit oder eine Mehrheit angestrebter, angebotener oder erhaltener Dienst- oder Sachleistungen. Auch Honorare sind eben Preise für Planungsleistungen, selbst wenn sie einer gültigen Honorarordnung entnommen werden.
Preise werden am Markt gefordert und bezahlt. Kosten werden im Betrieb aufgewendet und verrechnet. Aus Preisen werden Kosten, aus Kosten werden Preise. Kosten sind das unvermeidliche Zwischenglied zwischen Preis und Preis.
Preise und damit Honorare sind auszuhandeln und für den Wirtschaftsvorgang (Vertragsgestaltung für planerische Leistungen) unentbehrlich. Kosten sind auszurechnen und ihre Verrechnung nach Arten, Stellen, Trägern nützlich, aber nicht unentbehrlich, denn keineswegs werden alle Preise durch Kosten bestimmt. Man denke nur an die Sach- und Dienstleistungen, wo die Art der Preisgestaltung durch soziale Distinktion beeinflußt wird; angesprochen sind hier Mode, Hotelübernachtung, Restaurantbesuch, kosmetische Erzeugnisse usw.
Der Preis eines Parfüms, eines Modellkleides ist weder durch die Kosten des Materials und Lohnes noch durch die Betriebs- und/oder Atelierkosten bestimmt. Hier werden Namen bezahlt.

Hätten wir keine HOAI, wo alle Anbietern von Planungsleistungen, ob

- kleine oder große Büros,
- Büros, die sich am Beginn, in der Mitte oder am Ende ihrer Lebensphase befinden,
- "angesehene" und weniger bekannte Büros

ihr Honorar ablesen könnten, dann würde die Honorargestaltung ganz anders aussehen. Ob das dann ausgehandelte Ergebnis vom einzelnen Architekten und Ingenieur als gerechter empfunden würde, hinge von dessen fachlichen, sozialen und persönlichen Wertvorstellungen ab. Auf alle Fälle ließe sich das Postulat der Honorargerechtigkeit nicht nach objektiven Maßstäben konkretisieren. Anstelle der Honorargerechtigkeit müssen Ersatzgerechtigkeiten treten, wie:

- Leistungsgerechtigkeit,
- Aufwandsgerechtigkeit,
- Sozialgerechtigkeit.

Diese können dem Architekten und Ingenieur die Beurteilung der subjektiven Honorargerechtigkeit erleichtern. Solche "Konventionen" verweisen jedoch nur auf das Problem der relativen Honorarhöhe und geben über die "gerechte" absolute Honorarhöhe und Zusatzfragen "werden Baukunst oder geniale Einfälle zur Baukostensenkung angemessen honoriert?" keinen Aufschluß.

Die Planer werden sich als "angemessen" honoriert ansehen, wenn die Kosten des einzelnen Planungsbüros durch die Honorarerlöse (vgl. Bild 3) nicht nur ihre volle Deckung finden, sondern darüber hinaus einen so großen Gewinn zulassen, daß der Anreiz:

- zur Übernahme von Risiken,
- zum Kapitaleinsatz,
- zur freiberuflichen Tätigkeit überhaupt (auch unter Berücksichtigung längerfristiger Überlegungen)

gegeben ist.

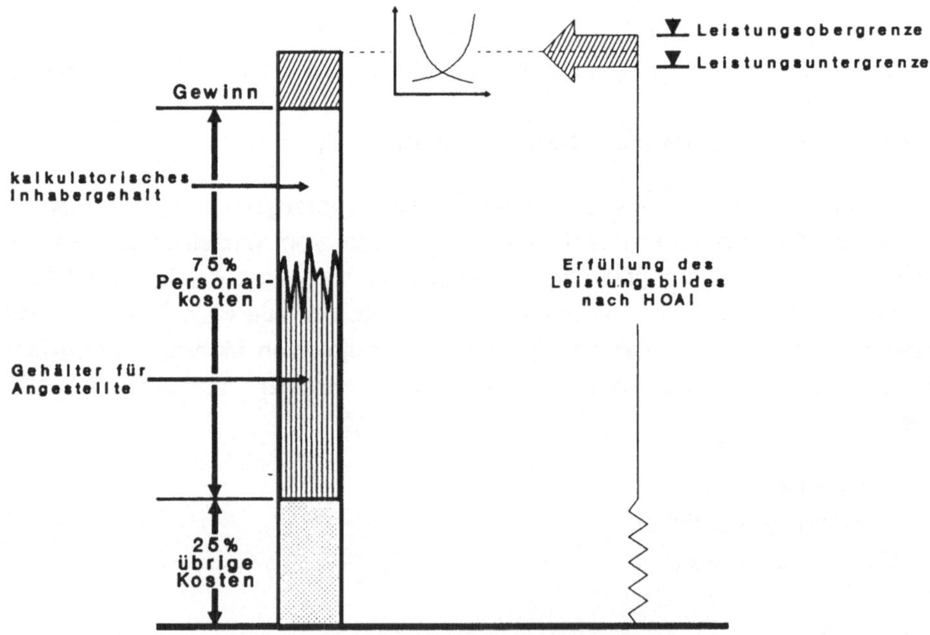

Bild 3:   Zusammenspiel von Leistungs- und Preiswettbewerb

Die Planer versprechen ihrem Bauherrn nur eine bestimmte Leistung, dieser kann sie bei Vertragsabschluß nicht messen, prüfen und begutachten. Vielleicht kann er sie (die erwartete Leistung) "ahnen", und zwar aufgrund anderer abgeschlossener Vorhaben, die der Planer für ihn oder andere Bauherrn bereits durchgeführt hat. Aber für das spezielle Objekt, welches noch leistungsmäßig ansteht, kann er sich nur auf das Leistungsversprechen stützen.Einer im Leistungsbild fixierten Leistung steht immer eine bestimmte "Leistungsrealität" gegenüber, die sich zwischen Leistungsobergrenze und Leistungsuntergrenze bewegt. So kann die Leistungsobergrenze für eine Detail- oder Ausführungszeichnung darin bestehen, daß sie jenen Informationsgehalt hat, der für die nachfolgende Leistungsstufe optimal ist. Die Leistungsuntergrenze beginnt sicher bei der fachlichen "Mund-zu-Mund-Beatmung", und die Skizze mit dem 4 B-Stift auf dem Putz liegt zwischen beiden Leistungsgrenzen. Dem sonst üblichen Begriffspaar: *Preis - Leistung* muß also das Begriffspaar: *Leistungsversprechen - Honorarangemessenheit* (von - bis) gegenübergestellt werden.

Jedes wirtschaftliche System braucht Anreizmechanismen. Die Planwirtschaft bietet Belohnung (Sonderurlaub, Orden) oder Strafen. In einem marktwirtschaftlichen System bringt Gewinnaussicht die Pferde ins Geschirr, die, ohne sich dessen selbst bewußt zu sein, den Wagen des gesamtwirtschaftlichen Fortschritts ziehen, auf dem auch die Pakete unserer Sozialpolitik liegen.

Die eigentliche Schwierigkeit, die den Zugang zu einem vernünftigen Verständnis des Gewinnmotivs verbaut, ist die übliche Vermischung von mikro- und makroökonomischen Aspekten. Es wird nämlich von den Motiven des Einzelnen auf den Zweck des Ganzen geschlossen.
Während wir den Wirtschaftlichkeitsbegriff weiter oben schon definiert haben, soll unter Produktivität das Spannungsverhältnis von Produktionsergebnis zu Faktoreinsatz verstanden werden. Wie soll man aber das Produktionsergebnis eines Planungsbüros aufaddieren? Dies geht doch nur, wenn man die verschiedenen Pläne, Leistungsbeschreibungen, Terminpläne mit den nach Leistungsphasen aufgegliederten Honoraranteilen bewertet und aufaddiert. Damit verlassen wir jedoch die Produktionssphäre und stoßen in die Marktsphäre mit deren vielfältigen Einflüssen vor.

Setzt man das Produktionsergebnis (output) zu den einzelnen Inputfaktoren (Arbeit, Kapital) in Beziehung, so entstehen die faktorbezogenen Produktivitätsbegriffe (m^2 Planfläche pro Stunde). Gefährlich ist aber, deswegen auf einen Kausalzusammenhang zu schließen. Es ist doch allgemein anerkannt, daß eine Erhöhung der "Arbeitsproduktivität" ihren Grund nur zum allergeringsten Teil in einer erhöhten Leistung der Mitarbeiter hat, sondern daß im technischen Fortschritt die wesentlichen Gründe für die gestiegene Produktivität zu suchen ist.

1.3 Gebührenordnungen im Spiegel der historischen Erfahrungen

Während im Mittelalter noch Planung und Realisierung in einer Hand lagen, vollzog sich im Zeitalter des Merkantilismus bereits eine Trennung in Planung und Ausführung. Damit entsteht auch das Problem der Honorierung von Planungsleistungen.

In dem Bau-Anschlagbuch von J. F. Penther (vgl. Bild 4) aus dem Jahre 1765 (3. Auflage) finden wir einen Hinweis auf die Honorierung von Planungsleistungen. Er schlägt eine Staffelung des Architektenhonorars für die Fertigung von Rissen und Voranschlägen und die Bauleitung in der Weise vor, daß für das erste 1.000 der Baukosten ein fester Satz, für das zweite 1.000 $^2/_3$ dieses Satzes und für das dritte und jedes weitere 1.000 die Hälfte dieses Satzes als Honorar genommen werden sollten.

Damit war die Abhängigkeit des Honorars von den Baukosten und die Degression der Honorare vor über 200 Jahren festgelegt worden.

In einer "Taxe der Kommissionsgebühren für die Baubediensteten in der Churmark" a. d. J. 1772 wurde den Baubeamten bei "Stadt- und anderen bürgerlichen und Privatkommissionen sowie bei Kirchen- und Pfarrbauten", also bei Nebenarbeiten außerhalb ihrer dienstlichen Tätigkeit, bestimmte Prozentsätze der Anschlags- bzw. Baukostensumme als Honorar zugebilligt. Diese Taxe wurde später auf ganz Preußen ausgedehnt, allerdings seit 1801 mit ermäßigten Sätzen (weil die Baubeamten trotz niedriger Sätze anscheinend dabei doch zuviel verdienten). Aber 1805 wurde diese Berechnungsweise aufgehoben, und es wurde nur noch ein Taler Tagesdiäten für solche Arbeiten bewilligt. Begründet wurde das damit, daß "die Mühewaltung bei solchen Geschäften nicht von der Größe des Kostenbetrages abhänge, überhaupt auch eine solche Berechnung der Gebühren nach Prozenten im Grunde eine Belohnung für die hohe Veranschlagung der Baukosten ist."

Im Jahre 1824 wurde die Berechnung nach Tagesdiäten als die einzige Norm für solche Nebenarbeiten der Baubeamten bestimmt; 1848 wurde die Gebühr auf 1 1/2 Taler für den Tag erhöht und auf 2 Taler "in solchen Fällen, wo eine besondere Erhöhung und Kunstfertigkeit erforderlich ist."

Bild 4: Titelblatt des Bauanschlagbuches

In der Mitte des 19. Jahrhunderts finden wir Hinweise auf *Taxen* für Architekten, welche die königlichen Regierungen für die Gemeindebauten den als sog. Communalbaumeister (ohne festes Gehalt) tätigen Privatbaumeister zugebilligt haben. Auch diese Taxe (z. B. von 1844) trägt "degressive" Züge.

Dann folgte 1868 die sog. "Hamburger Norm", die 1869 veröffentlicht wurde, 1871 die "Norm zur Berechnung des Honorars für architektonische Arbeiten", 1888 die "Norm zur Berechnung des Honorars für Arbeiten des Architekten und Ingenieurs".

1901 wurde auf Antrag der Vereinigung Berliner Architekten eine Revision der Gebührenordnung vorgenommen mit der Aufgabe, die neue Gebührenordnung den veränderten wirtschaftlichen, baukünstlerischen und technischen Verhältnissen anzupassen; als Ergebnis entstand die "Gebührenordnung der Architekten und Ingenieure".

Daß solche Honorarordnungen dringend notwendig waren, und wie die künstlerische Tätigkeit des Architekten bewertet wurde, zeigt die vom Schwiegersohn Schinkels (A. von Wolzogen) verbürgte Aussage, daß Zar Nikolaus dem Künstler für die phantasievollen Entwürfe zum Schloß Orianda auf der Krim als Honorar eine Schildpattdose angeboten habe.

Noch im Jahre 1867 sagte ferner ein reicher Kaufherr zu einem Architekten von Ruf, der ihm die Entwürfe zu einem reich ausgestatteten Wohnhaus gemacht hatte, "er geniere sich eigentlich, ihm ein Honorar anzubieten, da er solche Arbeiten doch wohl zu seinem Vergnügen mache."

Neben den grundsätzlichen Ausführungen lohnt es sich, einen Blick auf das Leistungsbild und die Wichtung der einzelnen Teilleistungen zu werfen (vgl. Bild 5).

Dabei haben die Verfasser das Leistungsbild in solche Teilleistungen aufgespalten, die überwiegend Planungscharakter haben bzw. wo die bauwirtschaftliche Fragestellung im Vordergrund der Tätigkeit steht. Man sieht, daß der bauwirtschaftliche Aufwand schon mit ungefähr 45 % angenommen wurde, und daß das, was wir heute mit Ausführungsplanung bezeichnen, mit 29 % seinen Niederschlag fand.

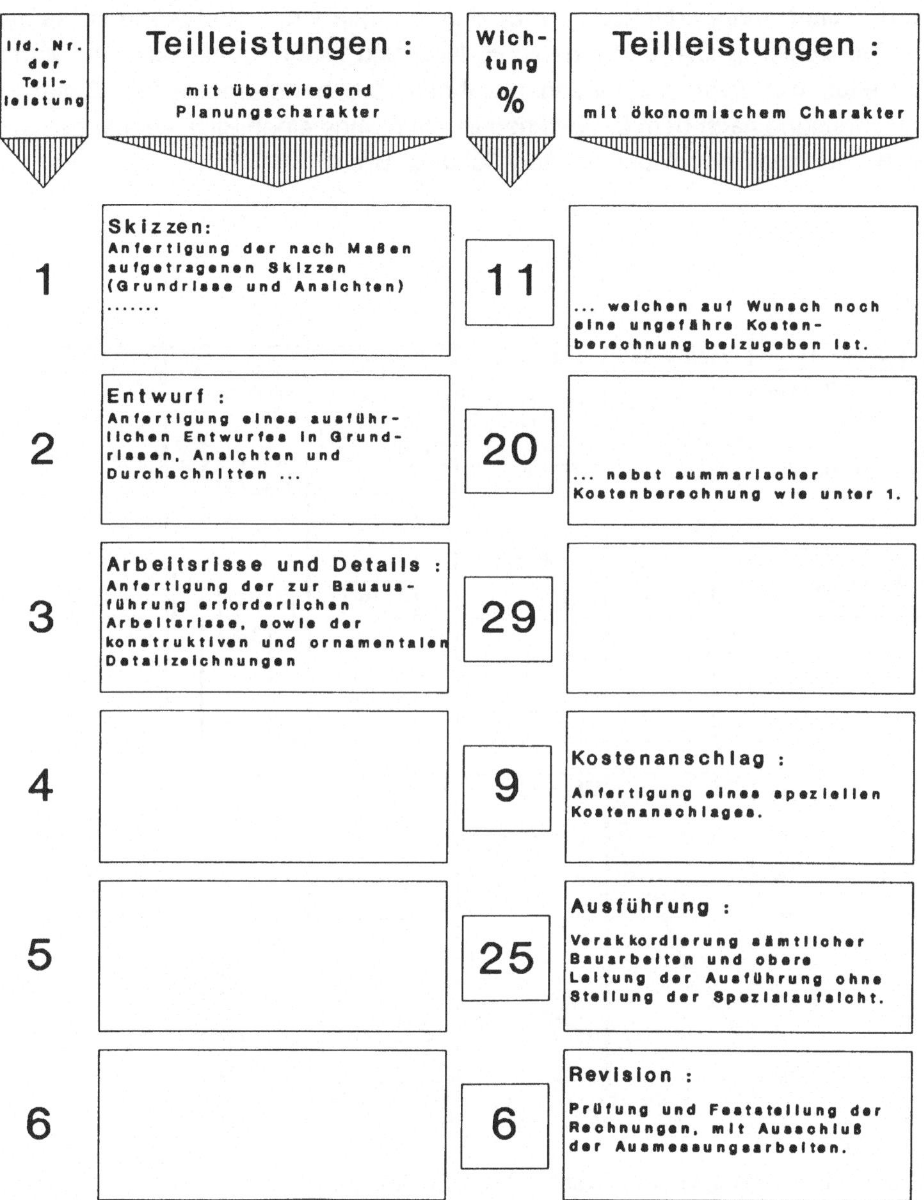

Bild 5:   Leistungsbild des Architekten aus dem § 4 der "Norm zur Berechnung des Honorars für architektonische Arbeiten" aus dem Jahre 1871

*) die Wichtung der Teilleistung bezieht sich auf Bauklasse III und einer Kostenanschlagssumme von 16000 - 24000 Talern

In den Jahrzehnten danach kam es dann zu getrennten Gebührenordnungen für Architekten (GOA) und Ingenieure (GOI und LHO). Kaum waren sie verabschiedet, war man unzufrieden mit ihnen. Die honorarpolitische Zustandsbeschreibung nach dem 2. Weltkrieg ist nicht ohne einen Blick auf die gesamtwirtschaftliche Entwicklung verständlich (vgl. Bild 6).

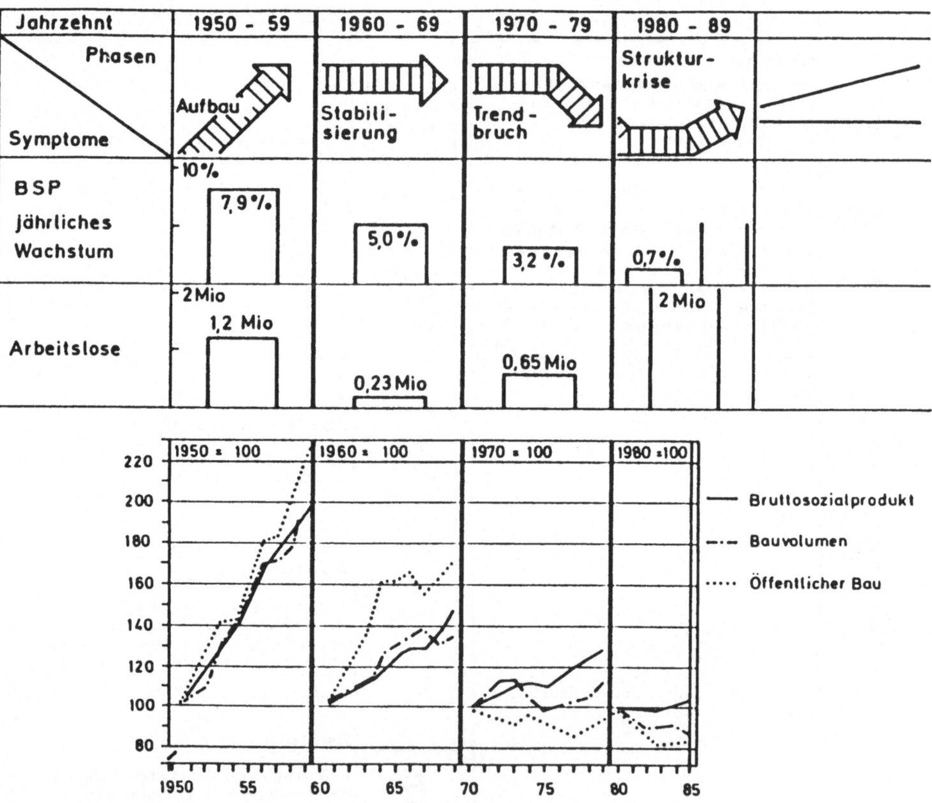

Bild 6:   Gesamt- und bauwirtschaftliche Entwicklung

Für das Bauvolumen ergaben sich in den gleichen Zeiträumen

         1950 - 59 = 8 %
         1960 - 69 = 4 %   jährliche Steigerung
         1970 - 79 = 2 %

Für das enorm gestiegene Bauvolumen nach dem 2. Weltkrieg wiesen die tradierten Gebührenordnungen eine Reihe von Unzulänglichkeiten auf:

- Die Leistungsbilder umfaßten nicht alle Leistungen, die zur optimalen Lösung einer Bauaufgabe nötig waren,

- die Leistungsbilder konnten sich in dieser Form nicht flexibel genug den veränderten Baumethoden einerseits und neuen Organisationsformen andererseits anpassen,

- die horizontale bzw. vertikale "Schichtung" der Leistungen war eine Mischung von ergebnisorientierten und prozeßorientierten Teilleistungen, die nicht dem tatsächlichen Leistungsablauf entsprach,

- die Teilleistungen waren darüber hinaus falsch proportioniert, was den arbeitsteiligen Prozeß behinderte, die Kooperation erschwerte, zu innerbetrieblichen Spannungen bei Partnern mit unterschiedlichen Aufgaben führte und schließlich schlechte Auswirkungen auf die Liquiditätssituation bei langen Planungs- und Bauzeiten hervorrief.

Die eindeutige Feststellung der Bauklasseneinteilung schwand durch den zunehmenden Industrialisierungsprozeß immer mehr, ferner hatte es sich gezeigt, daß der Verlauf der Honorarkurven nicht in allen Auftragsgrößen richtig lagen, so daß Projekte mit meist differenzierten Programmen, die sehr aufwendig waren, in "zeitlichen Schüben" aus der Erfolgszone "ausgefiltert" wurden.

In der Aufbauphase stiegen die Baukosten noch mäßig an. Die 60-er Jahre - obwohl gesamtwirtschaftlich schon als Stabilisierung bezeichnet - waren jedoch von steigenden Baukosten geprägt. Den typischen Baukostenverlauf zwischen 1967 und 1987 mag der Leser dem Bild 7 entnehmen.

Die Suche nach dem "Betongold" brachte den Bauboom Anfang der 70-er Jahre. Während das Nominalvermögen durch die Inflation entwertet wurde, versprachen die kräftigen Baupreissteigerungen - neben der Substanzsicherung - auch Erträge abzuwerfen. Gehandelt wurde nach dem Slogan: "Bauen ist billiger als Warten".

Von 1969 bis 1974, also in 5 Jahren, stiegen die Baukosten um durchschnittlich 16 Prozent pro Jahr.

Im November 1971 wurde vom Bundestag mit der Zustimmung des Bundesrates das Gesetz zur Verbesserung des Mietrechts und zur Begrenzung des Mietanstiegs sowie zur Regelung der Ingenieur- und Architektenleistungen beschlossen.

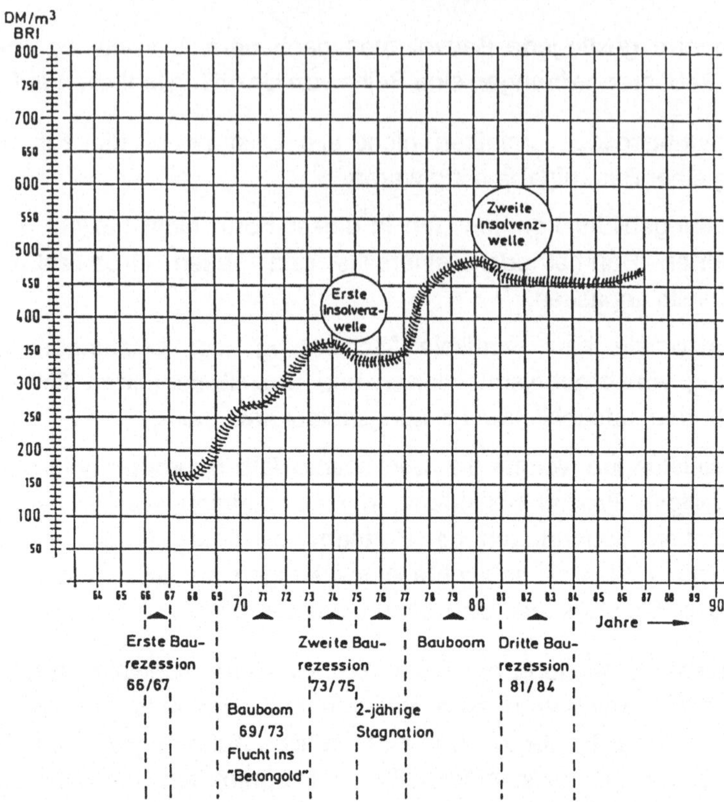

Bild 7: Verlauf der Baukosten (oben), Konjunkturentwicklung (unten auf der Abszisse dargestellt)

Die Abwicklung des sog. Pfarr-Gutachtens fand in der zweiten Baurezession 73/75 und der sich anschließenden 2-jährigen Stagnation statt. 1977 trat die HOAI in Kraft, also zu Beginn eines erneuten Baubooms. Von 1977 bis 1980 stiegen die Baukosten erneut um 13 Prozent pro Jahr.

Der zweite Bauboom, der 1977 einsetzte, entstand jedoch aufgrund falscher Erwartungen, nämlich:

1. Daß das in Immobilien gesteckte Vermögen stärker steigt als die allgemeine Preissteigerung

2. Irrtümliche und/oder bewußte Falschinterpretation der Wirtschaftlichkeitsberechnung hinsichtlich folgender Punkte:

    a) Sog. 100 % Finanzierung
        Die Immobilie tilgte sich jedoch viel langsamer, als die Einkommensentwicklung steigen konnte

    b) Die günstigen Kapitalmarktzinsen (78/79) wurden als nachhaltig angesehen

c) Mögliche Steuereinsparungen (aufgrund der Abschreibungs-
möglichkeiten) wurden in die laufende Ertragsberechnung mitein-
bezogen. Damit bekam der Investor ein falsches Bild von der
Wirtschaftlichkeit der Investition.

Zu einer Verbesserung der Honorarsätze, wie sie die HOAI ohne Zweifel
brachte, kamen noch kräftige Baupreissteigerungen, so daß sich die Honorar-
situation durch erhöhte anrechenbare Baukosten insgesamt verbesserte.
Während die Bürokosten weiter stiegen, sind seit 1981 die Baukosten und das
Bauvolumen zurückgegangen. Die Erfolgssituation hatte sich teilweise drama-
tisch verschlechtert.
Die Anbindung der Honorare an die anrechenbaren Kosten, der degressive
Verlauf und die Tatsache, daß die Bürokosten immer steiler ansteigen werden
als die Baukosten, bedingt eine "Verschiebung des Koordinatensystems". Mit
diesem Verlust an Honorareffizienz wollen wir uns in einem späteren Kapitel
noch ausführlich auseinandersetzen.

1.4 Zur Typologie planerischer Leistungen

Es liegt nahe, zur Klärung des Begriffes "Planungsleistung" die einzelnen Wort-
bestandteile heranzuziehen. *Arbeitspsychologisch* ist das Planen eine kreative
Tätigkeit, *methodisch* gesehen ein Optimierungsprozeß unter gegebenen
Randbedingungen, *organisatorisch* eine vorgelagerte Phase des Bauens, und
schließlich kann das Planen als "Informationsumsatz" (Informationsgewinnung,
-verarbeitung und -ausgabe) angesehen werden.
Die Planung hat dabei verschiedene, sich nicht selten widersprechende Aufgaben zu übernehmen, und zwar eine:

- *ordnende* Aufgabe, z. B. durch Abstimmung und Koordination

- *optimalisierende* Aufgabe, es soll die beste Lösung angestrebt werden

- *schöpferische* Aufgabe, es sollen neue Ideen entwickelt werden.

Sieht man den Plan als Entwurf für eine Ordnung, ein Objekt oder Projekt an,
so sollte sich die Planung auf folgende Punkte beziehen:

1. Die *Bestimmung* und *Abstimmung* der zu verfolgenden Ziele
2. die Schaffung von Alternativen und Lösungsvorschlägen, zwischen denen
    eine Entscheidung zu fällen ist
3. die ständige Kontrolle.

Der Begriff "Leistung" ist mehrdeutig, da unter ihm einmal das *Leistungsergebnis*, aber auch die Vorstellung des *Leistens im Zeitablauf*, also z. B. in Gestalt der menschlichen Tätigkeit, verstanden werden kann.

Planungsleistungen in Form von Ideen, Standortuntersuchungen, Entwürfen, Ausführungszeichnungen, Finanzierungsplänen, Wirtschaftlichkeitsuntersuchungen, Bauzeitplänen usw. dienen nicht unmittelbar der Bedürfnisbefriedigung im persönlichen Bereich des Menschen, sondern ihr Einsatz erfolgt, um dem Bauherrn in der Form einer umfassenderen, besseren Globalleistung zugute zu kommen.

- Bei den "Planungs- und Bauüberwachungsleistungen" kommt es nicht nur auf das Leistungsergebnis, sondern häufig auf den Leistungsweg, auf das "Wie" der Leistung an.

- Das Leistungsergebnis ist nur für eine gewisse Zeit "speicherbar", dann kann alles überholt sein (da "ruht" so mancher Baueingabeplan, der lange überholt ist).

- Für die Erfassung, Bemessung und Überwachung der Leistung müssen besondere Verfahren entwickelt werden.

- Die Personalbemessung bestimmt sich nicht selten aufgrund von Erwartungen.

Das heißt, Ausgabenverpflichtungen entstehen durch Abschluß von Arbeitsverträgen, Anmieten von Büroräumen usw., und der Verzehr dieser nicht speicherbaren Potentiale findet auch ohne Einsatz, ohne Nutzung, ohne daß Leistung geschaffen wird, statt.

Bei der Aufstellung eines Raumprogrammes, beim Entwurf und bei der Bauüberwachung ergeben sich vielfältige Fragestellungen, bei deren Lösung mehrere Disziplinen meist gleichzeitig notwendig sind. Es sind also eine Vielzahl von Fachleuten unterschiedlicher Disziplinen, die bei den verschiedensten Institutionen beschäftigt sind, zielorientiert einzusetzen (vgl. Bild 8).

Da ist zunächst die Bauherrenleistung, die das HOAI-Leistungsbild umschließt. Sie besteht aus vier Stufen:

- Bedarfsermittlung für das Projekt,
- Planung des Projektes,
- Realisierung des Projektes,
- Übernahme und Inbetriebnahme des Projektes,

und umfaßt drei Handlungsbereiche:

- A   Projekt allgemein,
- B   zur Zielverfolgung (hinsichtlich Qualität, Zeit, Kosten),
- C   zur Sicherung und Zielverwirklichung
  (Finanzierung und buchhalterische Abwicklung, Organisation, Dokumentation, Recht und Versicherung).

Einige dieser Bauherrenleistungen sind delegierbar. Sie werden dann nach § 31 vergeben.

Verbindet man den Zweck eines Objektes mit den Zielvorstellungen des Bauherrn, so können die betroffenen Institutionen dem Investor ein bestimmtes Programm anbieten. Die in den Institutionen ansässigen Fachdisziplinen bringen durch Ausbildung und Erfahrung ein bestimmtes Repertoire ein. Von diesem Repertoire wird es abhängen, wie flächendeckend das Problem angegangen werden kann.

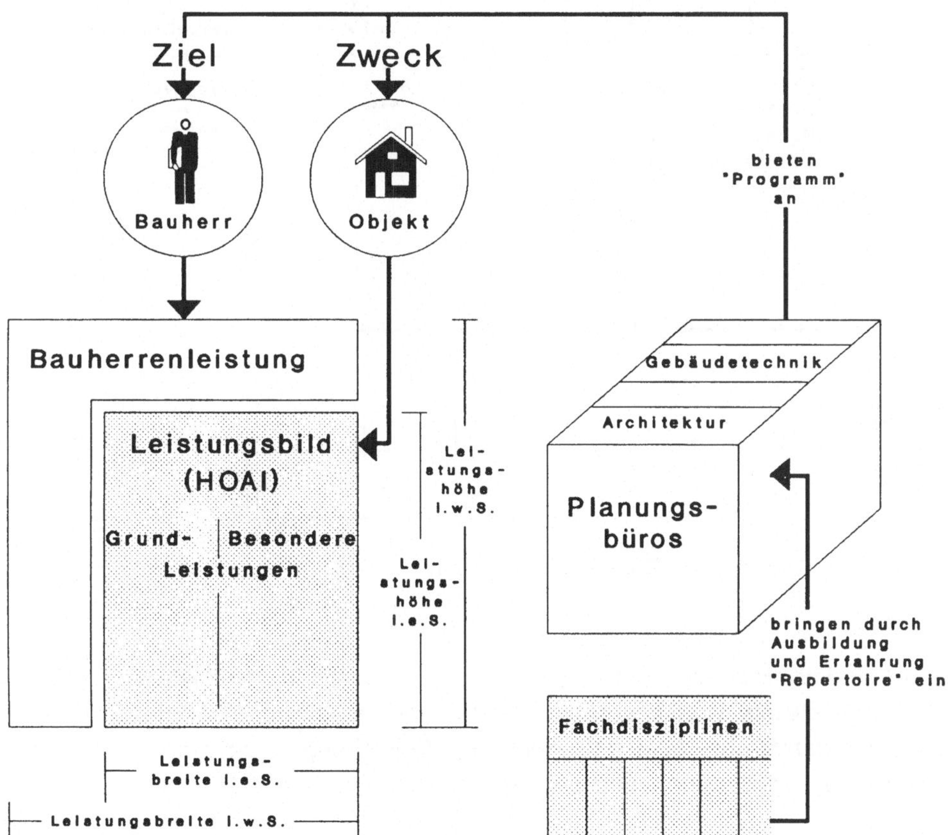

Bild 8:   Leistungsbild und Leistungsprogramm

Stellt man die Erlösseite der Kostensituation gegenüber, so ist eine weitere Typisierung von Planungsleistungen denkbar (vgl. Bild 9). Da sind zunächst die Standardleistungen, bei denen der Grundleistungskatalog durch Honorartafeln bewertet wird (§ 15 - § 16, Teil II; § 55 - § 56, Teil VII; § 64 - § 65, Teil VIII usw.). Für Leistungen, die nicht Standard sind, können nach § 4 (3) die in der Verordnung festgesetzten Höchstsätze durch schriftliche Vereinbarung überschritten werden.
Auch die Möglichkeit der Honorierung von Änderungsleistungen ist in den §§ 15 und 20 angedeutet.

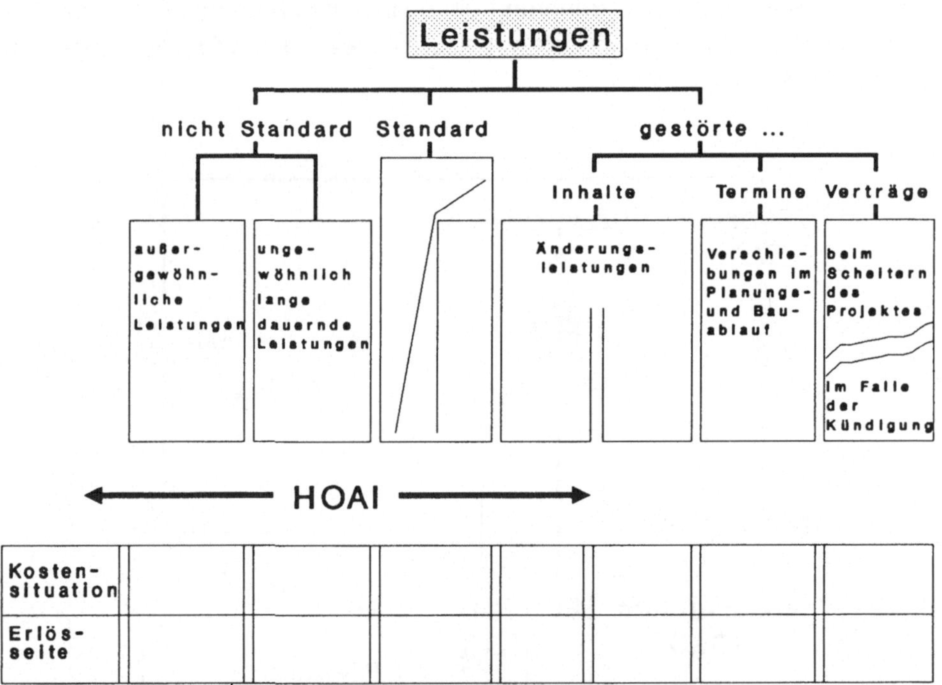

Bild 9:   Typisierung von Planungsleistungen

Damit sind alle Planungsleistungen typisiert, für die wir in den späteren Kapiteln die Frage stellen, was kosten diese? Für die gestörten Planungsleistungen erscheint demnächst eine getrennte Veröffentlichung unter dem Titel: "Was kosten gestörte Planungs- und Bauleistungen ?".

2 Kosten- und Leistungsrechnung

2.1 Grundsätze

Weiter oben hatten wir geschrieben, Preise (Honorare) werden am Markt
gefordert und bezahlt. Kosten werden im Betrieb aufgewendet und verrechnet.
Kosten sind das unvermeidliche Zwischenglied zwischen den Preisen, die ich
an den Beschaffungsmärkten bezahlen muß, und den Preisen, die an den
Absatzmärkten (Honorare) vergütet werden (vgl. Bild 10).

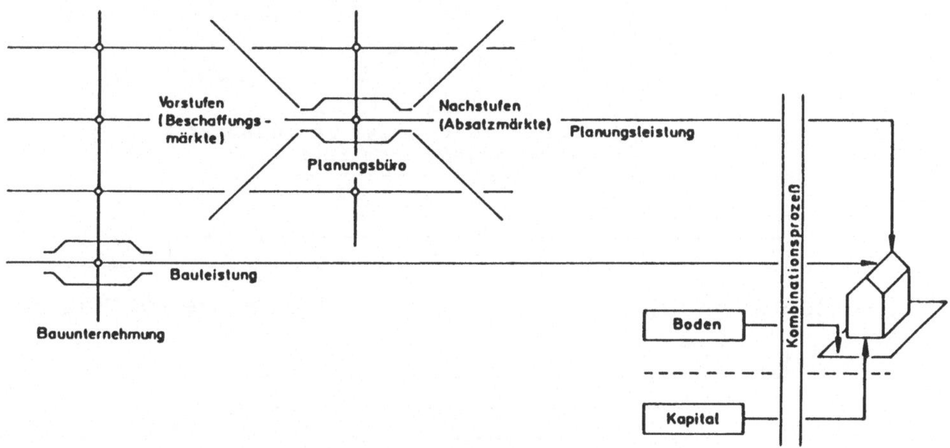

Bild 10: Das Planungsbüro mit seinen vor- und nachgelagerten Märkten

Kosten und Leistungen sind Begriffe der Betriebsbuchhaltung (Kosten-
rechnung), Aufwendungen und Erträge sind Gegenstand der Finanz- und
Geschäftsbuchhaltung.
Der Finanzbuchhaltung fallen dabei folgende Aufgaben zu:

1. Ermittlung des Jahreserfolges durch Aufstellung der Gewinn- und
   Verlustrechnung.

2. Ermittlung der Vermögens- und Schuldbestände durch Aufstellen der
   Bilanz.

3. Bereitstellung von Zahlenmaterial für Zwecke der Liquiditäts- und
   Finanzplanung.

Die Kostenrechnung - häufig auch Betriebsbuchhaltung genannt - ist nach
innen gerichtet und beschränkt sich auf die rechnerische Erfassung der
betrieblichen Leistungserstellung. Die Kostenrechnung muß dabei die Funktion
der Darstellungs-, Planungs- und Kontrollrechnung erfüllen (vgl. Bild 11).

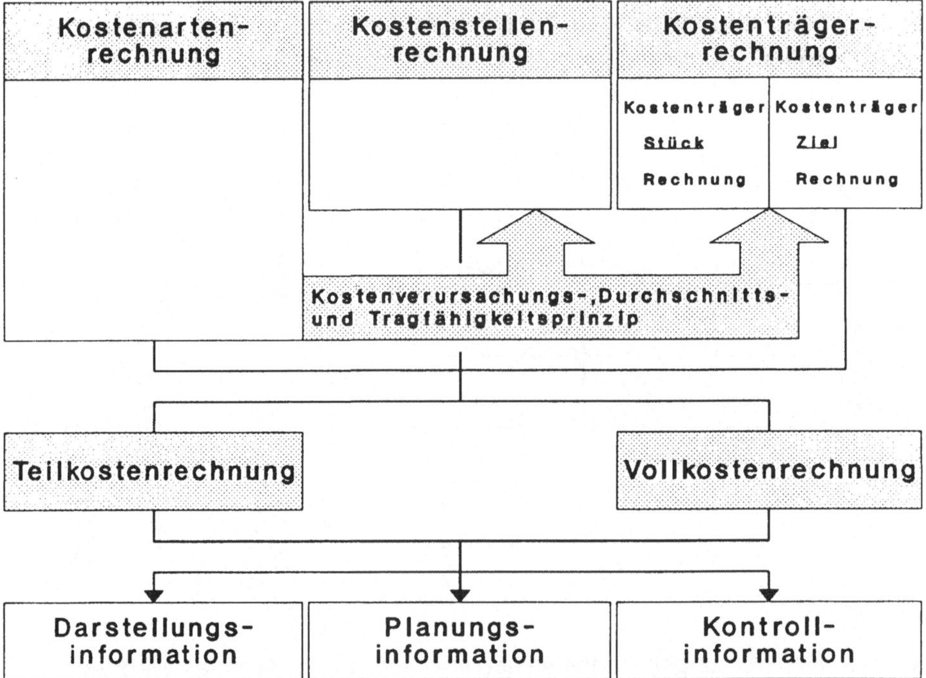

Bild 11:   Gestaltungsziele und Elemente der Kostenrechnung

Die Kostenartenrechnung steht am Anfang und dient der Erfassung und
Gliederung aller im Laufe der jeweiligen Abrechnungsperiode angefallenen
Kostenarten. Ihre Verrechnung kann nach dem Verursachungs-, Durchschnitts-
und Tragfähigkeitsprinzip erfolgen. In allgemeiner Form besagt das Verursachungsprinzip, daß einem bestimmten Bezugsobjekt nur jene Kosten zugerechnet werden dürfen, die dieses verursacht hat. Beim Durchschnittsprinzip
lautet die Fragestellung: Welche Kosten entfallen im Durchschnitt auf welches
Bezugsobjekt ? Beim Tragfähigkeitsprinzip geht man von der Belastbarkeit der
letzten Verrechnungseinheit aus.

Das Verursachungsprinzip kann bei der Verrechnung der Fixkosten nicht durchgehalten werden. Daraus ergeben sich spezielle Formen der Teilkostenrechnung.
Der Kostenartenrechnung fällt die Aufgabe zu, die Gesamtkosten eines Büros nach einem festgelegten Katalog zu erfassen, z. B.

1.11	Kalkulatorisches Inhabergehalt	1.0	Summe Personalkosten
1.12	Alterssicherung Inhaber	2.0	Kosten Raumnutzung
1.2	Personalkosten (Mitarbeiter)	3.0	Sachkosten Bürobetrieb
1.21	Techn. Mitarbeiter	4.0	Kosten Fahrzeug
1.22	Kaufm. Mitarbeiter	5.0	Reisekosten
1.23	Auszubildende	6.0	Kosten Bürosicherung
1.24	Sonstige Mitarbeiter	7.0	Repräsentation, Akquisition
1.3	Soziallasten	8.0	Sonstige Kosten
1.31	Gesetzlich	9.0	Kalkulat. Kapitalverzinsung
1.32	Freiwillig		
1.4	Honorare für Freie Mitarbeiter		
1.5	Honorare für Leistungen Dritter		

Neben dem gerade erwähnten Kriterium (Art der verbrauchten Güter und Dienstleistungen) lassen sich auch folgende Kostenartengruppen bilden:

- nach betrieblichen Funktionen (Beschaffung, Leistungserstellung, Absatz),

- nach der Zurechenbarkeit auf bestimmte Bezugsgrößen (Einzel- oder Gemeinkosten),

- nach dem Verhalten bei Änderungen des Beschäftigungsgrades (fixe und variable Kosten),

- nach ihrer Liquiditätswirksamkeit (nicht ausgabenwirksam und ausgabenwirksam).

Die Kostenstellenrechnung teilt das Büro in Abrechnungsbereiche auf; dabei unterscheidet man Vor-, Haupt- und Hilfskostenstellen. Der Betriebsabrechnungsbogen (BAB) ist das abrechnungstechnische Instrumentarium einer kombinierten Kostenarten- und Kostenstellenrechnung.

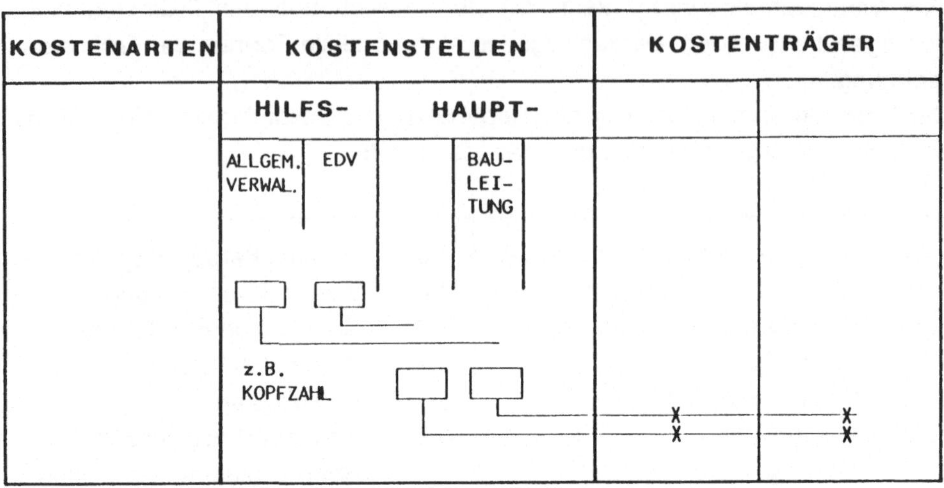

Bild 12:   Aufgliederung des Betriebsabrechnungsbogens nach Kostenarten, Kostenstellen und Kostenträgern

Die einzelnen Kostenarten werden zunächst auf sog. Hilfs- und Hauptkostenstellen aufgeteilt und dann über Schlüsselgrößen (wie Kopfzahl, m^2 Bürofläche usw.) den Kostenträgern zugerechnet. Für die Schlüssel bei der Verrechnung der Gemeinkostenarten auf die Kostenstellen, bei der Umlage der Kosten von Stelle zu Stelle, sowie beim Zuschlag der Stellenkosten auf die Kostenträger gilt der Satz, daß sie möglichst allen die Kostenbeanspruchung beeinflussenden Faktoren proportional sein müssen.
Die Kostenträgerrechnung fragt danach, wer kann die Kosten tragen. Sie bezieht sich in der Kostenträgerstückrechnung auf den einzelnen Auftrag, in der Kostenträgerzeitrechnung auf die Periode (kurzfristige Erfolgsrechnung). Sie ermittelt den kalkulatorischen Erfolg oder Gewinnbeitrag bei Leistungen einer Periode.

Eine kostenmäßige Abbildung des Betriebsgeschehens setzt voraus, daß Ursache-Wirkungs-Zusammenhänge bestehen. Wo dies nicht möglich ist, müssen nach dem Durchschnittsprinzip (Kostenhöhe dividiert durch Anzahl der Produkte) oder Kostentragfähigkeitsprinzip (Zurechnung nach der Belastbarkeit) die Zuordnung stattfinden.
Kennzeichnend für die Vollkostenrechnung ist die Verteilung der gesamten Kosten auf die Kostenträger.

Die Teilkostenrechnung versucht, die Mängel der Vollkostenrechnung zu vermeiden und dem Kostenverursachungsprinzip dadurch Rechnung zu tragen, daß den Kostenträgern nur ein Teil der Gesamtkosten unmittelbar angelastet wird und den verbleibenden Kostenblock aus den Bruttoerlösen abzudecken.

Ferner hat die Kostenrechnung folgende Funktionen zu erfüllen:

1. Die Ermittlungsfunktion,
2. die Planungsfunktion,
3. die Kontrollfunktion.

Zu 1.:   Die Ermittlungsfunktion der Kostenrechnung bezieht sich auf interne und externe Informationsanforderungen. Beispiele für externe Informationsanforderungen bilden die Bewertung halbfertiger Leistungen in der Steuerbilanz oder die Preisermittlung auf der Basis von Selbstkosten bei Geschäftsbeziehungen mit der öffentlichen Hand. Wichtige interne Zwecke sind in der Ermittlung von Periodengewinnen oder in der auftragsbezogenen Nachkalkulation zu sehen.

Zu 2.:   Planungsinformationen geben Auskunft über die erwarteten kostenmäßigen Auswirkungen betrieblicher Entscheidungen. Sie liefern damit die Grundlage für die Entscheidung über die Einstellung von freien Mitarbeitern oder die Einschaltung von Co-Büros oder auch über die Zusammensetzung des Leistungsprogramms (Neubau, Planen und Bauen im Bestand) und über die Festlegung der Honoraruntergrenzen.

Zu 3.:   Die Kontrollfunktion der Kostenrechnung besteht darin, vorgegebene und tatsächlich angefallene Kosten gegenüberzustellen, Abweichungen sichtbar zu machen und ihre Ursache zu analysieren.

Sollen Kosteninformationen diese Funktionen erfüllen und damit wirksame Entscheidungshilfen für die zielbezogene Steuerung von Planungsbüros bilden, so gelten dabei folgende Bedingungen:

Informationen müssen

1. zutreffend,
2. notwendig,
3. benutzerfreundlich,
4. aktuell

sein.

2.2 Rechengrößen

AUSGABEN, AUFWAND, KOSTEN

AUSGABEN sind schlechthin Geldausgänge der Büros, wobei sowohl Ausgänge aus der Kasse als auch Abgänge vom Giroguthaben zu verstehen sind. Sie stellen das wertmäßige Äquivalent der von anderen Wirtschaftssubjekten gekauften Aufwands- und Kostengüter dar.

AUFWAND ist der Werteverzehr an Gütern und Diensten im Leben des Planungsbüros, soweit dieser Ausgaben hervorruft. Das heißt: Der Umfang des Begriffes "Aufwand" ist durch seinen Ausgabencharakter festgelegt; er wird weder durch die Güterart noch den Zweck des Werteverzehrs eingeengt. Es ist daher unerheblich, ob der Werteverzehr ausschließlich der Leistungserstellung oder anderen Zwecken dient.

KOSTEN umfassen den zweckbedingten, bewerteten Güter- und Diensteverzehr, durch den das Büro seine eigentliche Leistung vollbringt; er muß nicht mit Ausgaben verknüpft sein. Kosten sind also eine auf den betrieblichen Sektor bezogene monetäre Größe. Der Verzehrcharakter, die Leistungsbezogenheit sowie die Bewertung machen das Wesen der Kosten aus. Der Wertansatz kann zweckorientiert sein: Betriebswerte, Grenzkosten- und Grenznutzenwerte, Festpreise, Durchschnittspreise, Verrechnungspreise, Anschaffungs- und Tagespreise.

Dieser Verzehr von Stoffen und Leistungen verschiedenster Art und Menge wie Arbeitszeiten, Kapitalnutzung, Stoffverbrauch usw. kann aber nur vergleichbar und verrechenbar gestaltet werden, wenn er in Werteinheiten ausgedrückt wird. Betriebsfremde Aufwendungen sind wohl Aufwand, aber nicht Kosten. Auch die Einmaligkeit und Zufälligkeit einer Aufwendung, selbst wenn durch den Betrieb bedingt, hat keinen Kostencharakter und muß als außerordentliche Aufwendung aus der Kostenrechnung ausgeschieden werden.

Um den Begriff der Kosten in Zukunft sicher gebrauchen zu können, wollen wir uns die gegenseitige Abgrenzung in Bild 13 veranschaulichen.

So würden Schenkungen und Stiftungen, Aufwendungen, die mit der Umgründung entstehen, ebensowenig zu den Grundkosten zählen, wie z. B. der Instandhaltungsaufwand für ein Wohnhaus, selbst wenn es dem Planungsbüro gehört. Zu den Grundkosten und Zusatzkosten zählen die auf S. 21 aufgeführten und im Anhang erklärten Kostenarten.

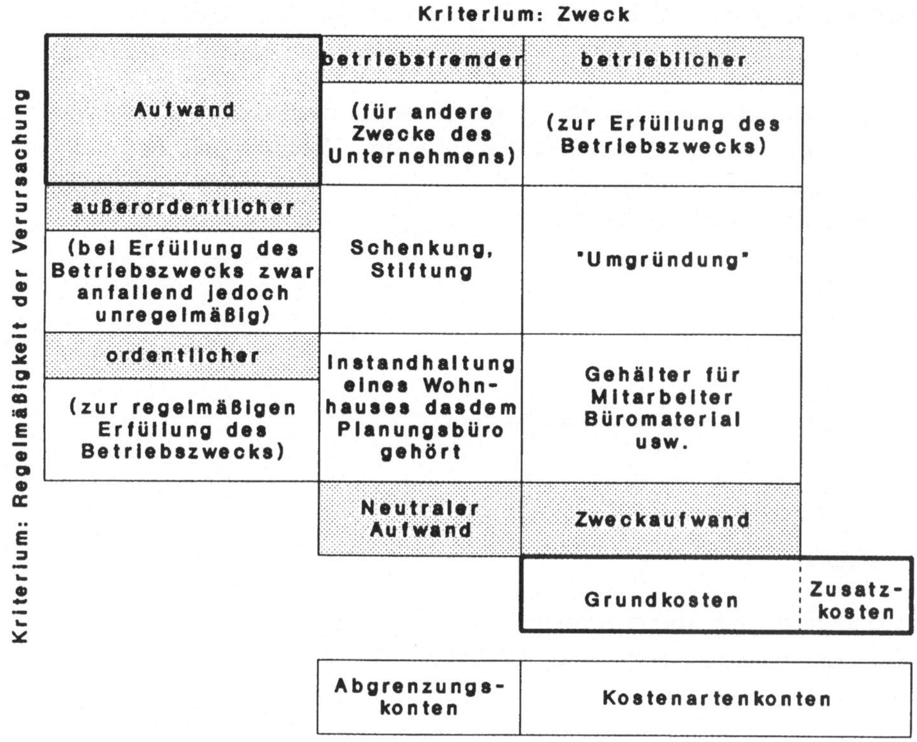

Bild 13:   Abgrenzung von Aufwand und Kosten

Der von uns benutzte Kostenbegriff umfaßt also:

1.   Grundkosten (Aufwand, der auch Kosten darstellt),
2.   Zusatzkosten, z. B. kalkulatorisches Inhabergehalt, kalkulatorische Miete, kalkulatorische Eigenkapitalverzinsung.

EINNAHMEN, ERTRAG, LEISTUNG

EINNAHMEN sind Geldeingänge der Büros, und zwar sowohl Bareinnahmen, als auch Verrechnungseinnahmen.

ERTRAG ist das bewertete produktive Ergebnis von Sachgütern und Dienstleistungen, soweit damit Einnahmen verbunden sind.

LEISTUNG ist jedes aus dem eigentlichen Betriebszweck resultierende Werteschaffen.

Je nach dem verfolgten Rechnungszweck ist die Begrenzung und Bewertung der Leistung verschieden. Genauso wie der Kostenbegriff ist auch der Leistungsbegriff zweckorientiert.
Analog zu den negativen Begriffen

- Ausgaben
- Aufwand
- Kosten

lassen sich auch für die positiven Begriffe

- Einnahmen
- Ertrag
- Leistung

die gegenseitigen Abgrenzungen (vgl. Bild 14) durchführen, die für unsere Untersuchungen hier aber nicht erheblich sind und mit den HOAI-Begriffen nichts zu tun haben.

Das, was in Bild 14 als Grundleistung bezeichnet wird, hat mit dem § 2 (2) der HOAI nichts zu tun, sondern ist ein Begriff des betrieblichen Rechnungswesens. Differenzen ergeben sich zum einen hinsichtlich der neutralen Erträge, die aus Tätigkeiten stammen, die außerhalb des eigentlichen Betriebszwecks liegen (z. B. Beteiligungserträge). Zum anderen ergeben sich sog. Zusatzleistungen, wenn betriebliche Leistungsprozesse zu Ergebnissen führen, die sich zeitlich oder auch sachlich nicht als Erträge niederschlagen (z.B. Ausbildungsleistungen).

neutraler Ertrag	Zweckertrag	
	Grundleistung	Zusatzleistung

Bild 14:   Abgrenzung Ertrag - Leistung

FIXE UND VARIABLE KOSTEN

Die rechnungstechnische Trennung läßt sich am besten aus Bild 15 entnehmen.

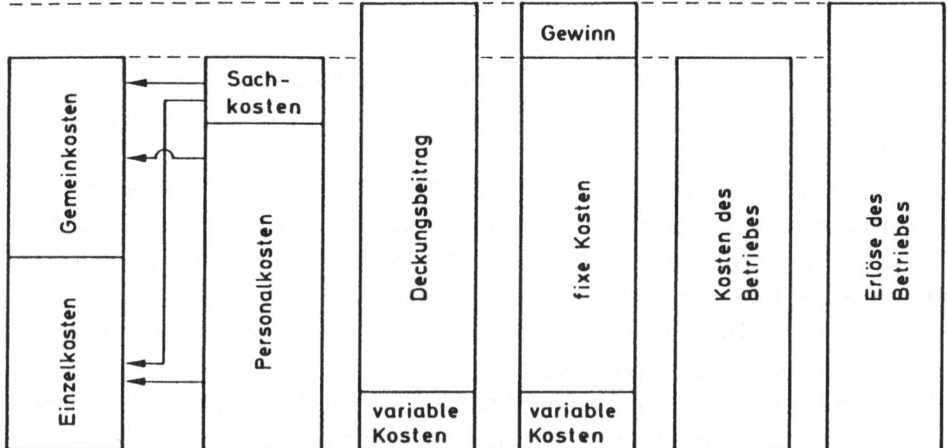

Bild 15: Rechengrößen

Von rechts beginnend können wir also definieren:

$$
\begin{array}{ll}
& \text{Erlös} \quad \text{(Entgelt für erbrachte Leistung)} \\
\cdot/. & \text{Kosten} \\
\hline
= & \text{Gewinn}
\end{array}
$$

Die gesamten Kosten lassen sich, unter Berücksichtigung des Beschäftigungsgrades, in fixe und variable Kosten aufteilen.
Wir können aber auch schreiben:

$$
\begin{array}{ll}
& \text{Erlös} \\
\cdot/. & \text{variable Kosten} \\
\hline
= & \text{Deckungsbeitrag} \\
\cdot/. & \text{fixe Kosten} \\
\hline
= & \text{Gewinn}
\end{array}
$$

Bei näherer Untersuchung stellen wir nämlich fest, daß sich die Kosten des Büros in zwei Hauptgruppen gliedern lassen:

- *variable* oder beschäftigungsabhängige Kosten
  und
- *fixe* oder zeitabhängige Kosten, die vom jeweiligen Beschäftigungsgrad unabhängig sind (auch "Betriebsbereitschaftskosten" genannt).

Güter und Dienste, die fixe Kosten verursachen, werden also nicht durch die Leistungserstellung verzehrt wie Güter und Dienste, durch deren Verzehr proportionale Kosten entstehen.

Fixkosten "verursachende" Güter und Dienste verzehren sich von selbst vom Augenblick ihrer Beschaffung an. Das Ausmaß dieses "Selbstverzehrs" folgt eigenen Gesetzen, die wohl mit der technischen, wirtschaftlichen (z. B. bei Büromaschinen) oder rechtlichen (z. B. Kündigungsfristen) Lebensdauer, je nach Art der Güter und Dienste, nicht aber mit der Durchführung der Leistungserstellung zusammenhängen.

Wesensmerkmal der fixen Kosten ist, daß bestimmte Kostengüter nicht beliebig teilbar sind, sondern nur in bestimmten Teilen eingesetzt werden können. Ein solches Quantum reicht für ein bestimmtes Maß der Beschäftigungsskala aus; wird es aber überschritten, so ist ein erneuter Einsatz erforderlich (z. B. Schreibkraft für eine begrenzte Zahl von Mitarbeitern). An allen dazwischen liegenden Punkten ist jedoch das letzte Quantum nicht voll ausgenutzt. Charakteristisch ist also die treppenförmige Entwicklung der fixen Kosten.

Ebenso Merkmal der fixen Kosten ist die Degressionswirkung bezogen auf die Kosten der Leistungseinheit.

Ein weiteres Merkmal der fixen Kosten ist ihre Unverteilbarkeit. Die Kosten der Betriebsbereitschaft fallen auch dann in der jeweiligen Höhe an, wenn die erwarteten oder geplanten Leistungen nicht erstellt werden; sie können daher zu den Leistungen in keinem proportionalen Verhältnis stehen.

Ist es nun möglich, Honorarerlös-Kosten-Gewinn stets in eine richtige Proportion zu setzen? An sich ist es eine unmögliche Aufgabe, trotzdem muß sie täglich neu angegangen werden. Fruchtbare Hinweise für die Entscheidung des Büroinhabers (und seiner Partner) gibt jener Schnittpunkt der Kosten und Erlöse, der im angelsächsischen Schrifttum "break-even-point" genannt wird (vgl. Bild 16).

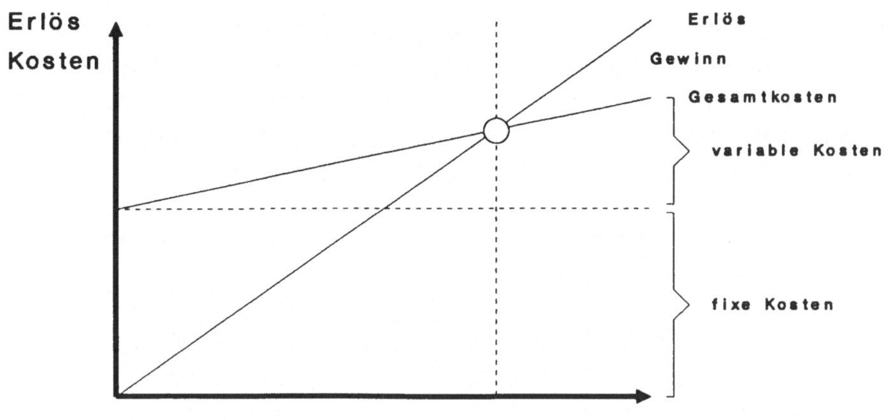

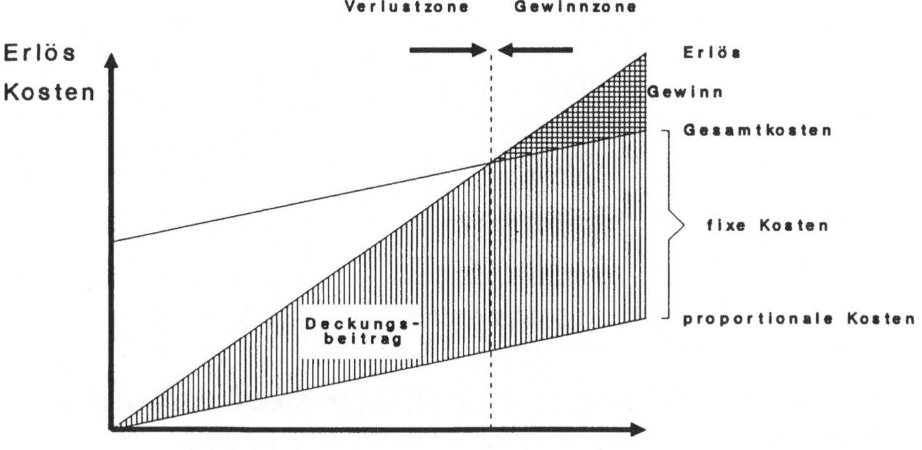

Bild 16: "break-even"-Analyse

Es ist jener Punkt, wo bei aufsteigender Geschäftsentwicklung der Verlust in
Gewinn, bei rückläufiger Beschäftigung der Gewinn in Verlust umschlägt. Ob
nun das Büro "von der Höhe herab" oder "aus der Tiefe heraus" gefahren wird,
immer hängt da an der Erlös-Kosten-Kreuzung gleichsam eine Verkehrsampel,
die rotes Licht blinkt, wenn die Verlustzone beginnt und grün aufleuchtet, wenn
das Büro in die Gewinnzone fährt.
Es wird immer wieder die Frage gestellt, wieviel Gewinn wohl der einzelne Auftrag einem Planungsbüro bringt. Diese Frage kann in dieser Form eigentlich
nicht beantwortet werden, denn den Vorgang der Auskömmlichkeit müssen wir
uns anders vorstellen.

Ein Planungsbüro hat in der Regel mehrere unterschiedliche Aufträge, die sich auch auf verschiedene Leistungsphasen beziehen, innerhalb seines Programms. Bei den Projekten (Objekten) A·bis F werden nun z. B. innerhalb eines Berichtsjahres unterschiedliche Leistungsphasen (vgl. Tab. 1) abgewickelt, die sich zu einem Gesamterlös von z. B. 1.152.840 DM aufsummieren.

Tabelle 1:   Honorarerlöse der verschiedenen Leistungsphasen aus unterschiedlichen Objekten

Objekt	Leistungs-phasen	Honorar im Jahr 1988	Honorar im Jahr 1989	
A	1 -2 -3	44.110 DM		
B	3 - 4 - 5	94.500 DM		
C	5 - 6- 7	140.400 DM		
D	6 - 7 - 8 - 9	193.440 DM		
E	5 - 6 - 7 - 8	491.400 DM		
F	3 - 4 - 5	189.000 DM		
Summe		**1.152.840 DM**		

Diesen würden dann die Gesamtkosten in Höhe von 1.000.000 DM gegenüberstehen, die sich z. B. in folgende Kostenarten aufgliedern lassen:

Tabelle 2:   Gesamtkosten und ihre Struktur

Kostenarten	**DM**	**%**
Kalk. Inhabergehalt	100.000,--	10 %
Techn. Mitarbeiter	420.000,--	42 %
Kaufm. Mitarbeiter	80.000,--	8 %
Sozialaufwand	150.000,--	15 %
Freie Mitarbeiter	-	-
Personalkosten insgesamt	**750.000,--**	**75 %**
Kostenarten 2 - 8	**250.000,--**	**25 %**
Gesamtkosten	**1.000.000,--**	**100 %**

Die Entstehung des betrieblichen Gewinns muß man sich jedoch anders
vorstellen (vgl. Bild 17).

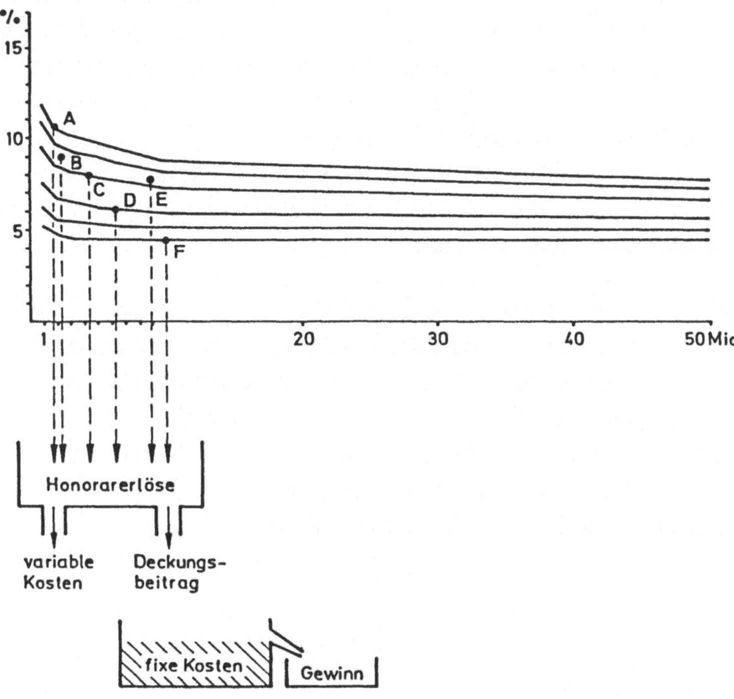

Bild 17:   Gewinnentstehung in einem Planungsbüro

Die Honorarerlöse der Objekte A bis F fließen in einen Topf. Von diesen
Honorarerlösen wären zunächst die beschäftigungsvariablen Kosten abzuspalten. Das sind z. B. Reisekosten, die nur im Zusammenhang mit der Auf-
tragsübernahme stehen, Honorare für freiberufliche Mitarbeiter und Subauf-
tragnehmer (Co-Büros), die man nur für diesen Auftrag angeworben hat. Es gilt
also die Formel:

$$\begin{array}{ll} & \text{Honorarerlös} \\ ./. & \text{variable Kosten} \\ \hline = & \text{Deckungsbeitrag.} \end{array}$$

Diese einzelnen Deckungsbeiträge füllen nun das Becken der fixen Kosten
(Bereitschaftskosten). Die Höhe der Bereitschaftskosten ergibt sich in erster
Linie aus Bindungen, die eingegangen wurden, um die institutionellen und
technischen Voraussetzungen für die Realisierung des Programms zu schaffen.

Erst wenn die Höhe des Fixkostenbeckens erreicht ist, kann etwas in das Gewinnbecken abfließen.

Der "Abfluß" in das Gewinnbecken ist also in einem hohen Maße abhängig von dem Beschäftigungsgrad des Büros. Es kann also aus dem Einzelauftrag nie geschlossen werden, welchen Gewinnanteil dieser bringt, sondern man muß immer vom Gesamtbetriebsergebnis ausgehen, zu dem die einzelnen Aufträge unterschiedlich hohe Deckungsbeiträge liefern.

Bei den einzelnen Büros kann es zu einem ausgeglichenen Betriebsergebnis dann führen, wenn unterschiedlich große Projekte und unterschiedliche Leistungsphasen abgewickelt werden.

Zwar wurde bei der Neugestaltung der HOAI gegenüber der GOA schon die Ausführungsplanung und die Bauüberwachung prozentual angehoben, es stellt sich aber auch heute noch heraus, daß die Leistungsphasen Grundlagenermittlung, Vorplanung, Entwurfsplanung und Genehmigungsplanung meist einen höheren Deckungsbeitrag leisten als nachgeordnete Phasen (vgl. Bild 18). Dies trifft vor allem dann zu, wenn der Planer an ihm vertraute Bauaufgaben herangeht und Lösungsmuster parat hat.

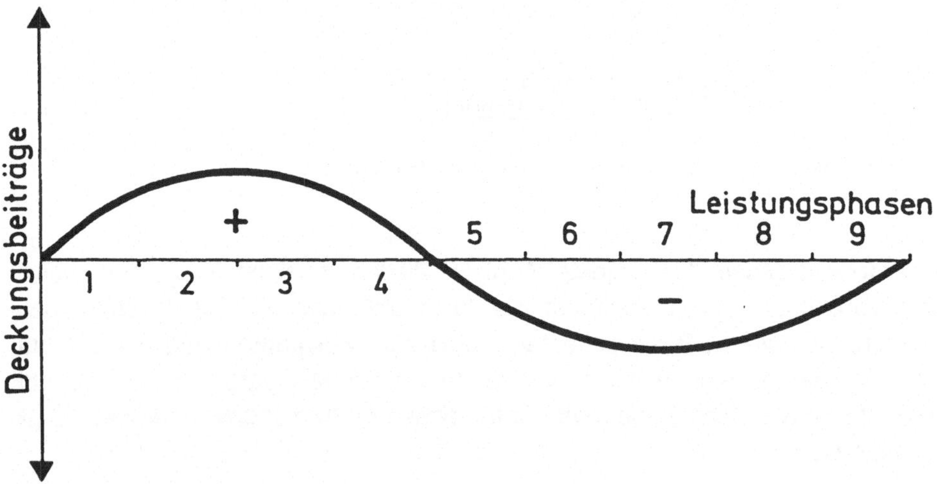

Bild 18:   Verlauf der Deckungsbeiträge bei den einzelnen Leistungsphasen

Nach der Art des Kostenanfalls können wir die Gesamtkosten in Personal- und Sachkosten untergliedern.

Unter verrechnungstechnischen Gründen lassen sich die gesamten Kosten in Einzelkosten und Gemeinkosten aufteilen, wobei in beiden Sach- und Personalkostenelemente stecken können.

Das Verhältnis von $\dfrac{\text{Gemeinkosten}}{\text{Einzelkosten}}$ x 100

wird als GEMEINKOSTENZUSCHLAG (GKZ) bezeichnet und in Prozenten ausgedrückt:

Beispiel: $\dfrac{1.700.000,-}{1.000.000,-}$ x 100 = 170 %

Wird also ein bestimmtes Gehalt von z. B. 60.000,- DM mit einem GKZ von
170 % beaufschlagt, dann muß die Rechnung lauten:

$$
\begin{array}{rr}
 & 60.000,- \\
+\ 170\ \%\ \text{GKZ} & 102.000,- \\
\hline
 & 162.000,-
\end{array}
$$

Den gleichen Betrag erhalte ich, wenn ich 60.000,- DM mit einem Gemeinkostenfaktor (GKF) von 2,7 multipliziere.

2.3 Berechnung des Gemeinkostenzuschlagsatzes mit Hilfe eines Betriebsabrechnungsbogens

Bei der "Wanderschaft" durch die diversen Planungsbüros begegnet man einer
Vielzahl von Berechnungsmethoden. Ganz gleich, ob "handgestrickte" Metho-
den vorliegen, sich Wirtschaftsprüfer und Steuerberater unterstützend beteiligen oder ob Auftraggeber der Berechnung ein bestimmtes Schema auf-
drücken, jedesmal sieht die Berechnung und das Ergebnis anders aus.

Häufig wird von kleineren Büros folgendes Schema vorgelegt:

$$
\begin{array}{ll}
\text{Brutto-Gehalt eines} & \\
\text{bestimmten Mitarbeiters} & \dots\dots\dots\dots \\
+\ \text{Zuschläge}\ \ \text{I} & \dots\dots\dots\dots \\
+\ \text{Zuschläge}\ \ \text{II} & \dots\dots\dots\dots \\
\hline
\text{Summe} & \dots\dots\dots\dots
\end{array}
$$

Die sich ergebende Summe wird durch die sog. produktiven Stunden geteilt und ergibt den Ingenieurstundensatz. Die Zahl kann richtig sein, wie eine stehengebliebene Uhr, die auch einmal am Tag die richtige Zeit angibt.
Versetzen wir uns zunächst in die Rolle des Auftraggebers, der über Telex folgendes Schreiben erhält:

"Sie haben sicher schon gefragt, wo ist das leistungsfähige kompatible Ingenieurbüro im hiesigen Raum?
Bei uns sind Sie richtig ...
Wir integrieren uns problemlos in Ihre Konstruktionsabteilung, oder wir nehmen Ihre Arbeit mit und bringen sie erledigt zurück.
Unsere Konditionen bewegen sich:

... für Technische Zeichner zwischen   ... - ...
... für Konstrukteure zwischen   ... - ...
... für Ingenieure zwischen   ... - ...

Fordern Sie unser konkretes Angebot an. Machen Sie die Probe aufs Exempel.
Ingenieurbüro Billig & Co."

Die dort für das Jahr 1986 angegebenen Stundensätze betrugen gerade 50 % der Werte, die sich uns bei der Auswertung der betriebsvergleichenden Unterlagen in verschiedenen Architektur- und Ingenieurbüros ergeben haben.
Der vorsichtige Behördenchef machte an dieses Telex den Vermerk: "Zahlt dieses Ingenieur-Büro überhaupt Sozialleistungen?"

In den letzten Jahren ist eine Reihe von Veröffentlichungen zum Thema "Mitarbeiterstunde" erschienen. Die meisten waren betriebswirtschaftlich nicht richtig interpretiert, wenn sich auch das Zahlenniveau im HOAI-Rahmen bewegte.

Ein Musterbeispiel, wie eine solche Berechnung **nicht** aussehen sollte, können wir dem Buch von K. H. Bayer: "Planen nach HOAI" entnehmen, S. 17/18 (vgl. Bild 19). Da werden Elemente aus der baubetrieblichen Mittellohnberechnung entnommen, nicht sauber zwischen Einzel- und Gemeinkosten unterschieden und schließlich noch durch die Aufnahme des Posten "Fixkosten" unterstellt, daß die anderen Rechengrößen proportionalen Charakter haben.
Durch den Posten Wagnis und Gewinn in der Größenordnung von 24,5 Prozent wird ein beachtlicher honorarpolitischer Spielraum unterstellt, der in dieser Größenordnung überhaupt nicht vorhanden ist.

		Wert in DM pa	%
1.	Gehalt 3.918 DM x 12 Monate =	47.016	100
2.	Tarifliche Zuschläge unter Berücksichtigung bürointerner Häufigkeiten		
01	Arbeitgeberanteil 680,12 DM x 12 Monate	8.161,44	17,36
02	Überstundenzuschläge 5 % nicht weiterzuverrechnen	689,72	1,46
03	Urlaub 24 AT (von 246 AT/pa)	6.385,32	13,50
04	Krankheitsfortzahlungs-Risiko 10 % von 30 AT Pflichtleistung	673,16	1,43
05	Arbeitsausfall wegen kurzer Krankheiten 4 AT	897,19	1,91
06	Tariflicher Sonderurlaub Risiko 10 % von 25 möglichen AT	560,75	1,19
07	Tarifliche Sonderzahlungen 13. Gehalt zuzügl. Sozialanteil	4.598,12	9,78
08	Vermögenswirksame Leistungen	936,-	1,99
09	Fortbildung 1 AT	224,30	0,48
10	Exkursionen 1 AT	224,30	0,48
11	Fahrtkostenzuschläge	3.681,79	7,83
	(Zwischensumme 2	27.030,09	57,49)
	Übertrag 1 + 2	74.046,09	157,49
3.	Fixkosten		
.1	Berufshaftpflicht	1.800,-	3,83
.2	Arbeitsplatz - Raumkosten	3.426,-	7,29
.3	Geräteunterhalt	311,-	0,66
.4	Materialaufwand / Arbeitsplatz	3.675,57	7,81
.5	Beratungskostenanteil/Arbeitsplatz	1.997,40	4,25
	(Zwischensumme 3	11.209,97	23,84)
	Summen 1, 2, 3	85.256,06	181,33
4.	Wagnis und Gewinn		
.1	Fluktuationsrisiko für Doppelbesetzungen (1/6)	9.196,24	19,56
.2	Wagniszuschlag pro 10 Mitarbeiter 1 Inhaber-"Gehalt" bemessen nach HOAI § 6 oder 10 DM pro Mh / pa (1.968 hpa)	19.680,-	41,86
	(Zwischensumme 4	28.876,24	61,42
	Gesamt 1 bis 4	114.132,30	242,75

5. Bei einem Tarifgehalt von DM 3.918 pro Mitarbeiter
war der kalkulatorische Stundensatz z.B. für 1985/1. Hj
DM 114.132,30 : 1.968 hpa = <u>DM 58.-</u> zuzügl. Mehrwertsteuer

6. vereinfachte Aufgliederung

Grundgehalt	41 % in DM	24,60	Mh =	Mannstunde
Sozialleistungen	24,5 %	14,70	AT =	Arbeitstag
Fixkosten	10 %	6,00	pa =	per anno
Wagnis und Gewinn	24,5 %	14,70	hpa =	Stunden per anno

100 % von DM   60,-

Bild 19: Mitarbeiterstundenberechnung nach Bayer (nicht zur Nachahmung empfohlen)

Da wird ferner eine Projektstundenzahl von 1968 pro Jahr unterstellt, die völlig unzutreffend ist. Auch müßte die seit zwei Jahrzehnten bekannte Kostenartenstruktur (vgl. S. 30) in Bild 19 unter der vereinfachten Aufgliederung (Punkt 6) wenigstens annähernd zum Vorschein kommen. Warum wird das Inhabergehalt als Wagniszuschlag in die Rechnung eingeführt und nicht über anteilige Einzel- und Gemeinkosten? Warum erscheint für den Gewinn nicht eine eigene Zeile, aus der die Höhe zu entnehmen ist?

Bei größeren Büros, vor allem dort, wo Steuerberater und Wirtschaftsprüfer einmal Hilfestellung leisten konnten, findet man einen sog. BAB (Betriebsabrechnungsbogen), wo nach Kostenarten, Kostenstellen und Kostenträgern getrennt wird (vgl. Bild 12).

Nun kann nicht bestritten werden, daß nach dem Prinzip "und bist du nicht willig, so brauch ich Gewalt" zwar alles verrechnet wird, aber mit Sicherheit kann gesagt werden, daß dies für vorkalkulatorische Überlegungen nicht brauchbar ist.

Was würde denn eine so differenzierte Berechnung bringen, wenn wir in den Hauptkostenstellen Entwurf und Bauleitung für das letzte Jahr zwar unterschiedliche Stundensätze ermitteln würden, aber nicht wüßten, wie diese Hauptkostenstellen im nächsten Jahr ausgelastet sind.

Die vorkalkulatorischen Elemente (Mannmonate, Stunden je Bezugseinheit) sind zwar genauer als jede Honorartafel, aber nicht genau genug, um solche rechnungstechnischen Feinheiten unterzubringen.

Da wir davon ausgehen, daß in kleineren und mittleren Büros (und auch in manchem großen Büro) keine professionellen Kostenrechner zur Verfügung stehen, also die Inhaber gezwungen sind, sich um ihre Kosten selber zu kümmern, wollen wir auf den nachfolgenden Seiten die wichtigsten Rechenvorgänge nicht nur formularmäßig, sondern auch zahlenmäßig an drei unterschiedlichen Bürogrößen vorstellen.

Dafür benötigen wir zwei Erhebungsbögen (vgl. Bild 20 und Bild 21).

Die Erhebungsbögen A und C bilden die Voraussetzung zur Ermittlung des mittleren Projektstundensatzes und des Gemeinkostenzuschlagsatzes. Das Zahlenmaterial in Bild 20 und 21 ist daher in unmittelbarer Verbindung zum Auswertungsbogen in Bild 23 zu sehen.

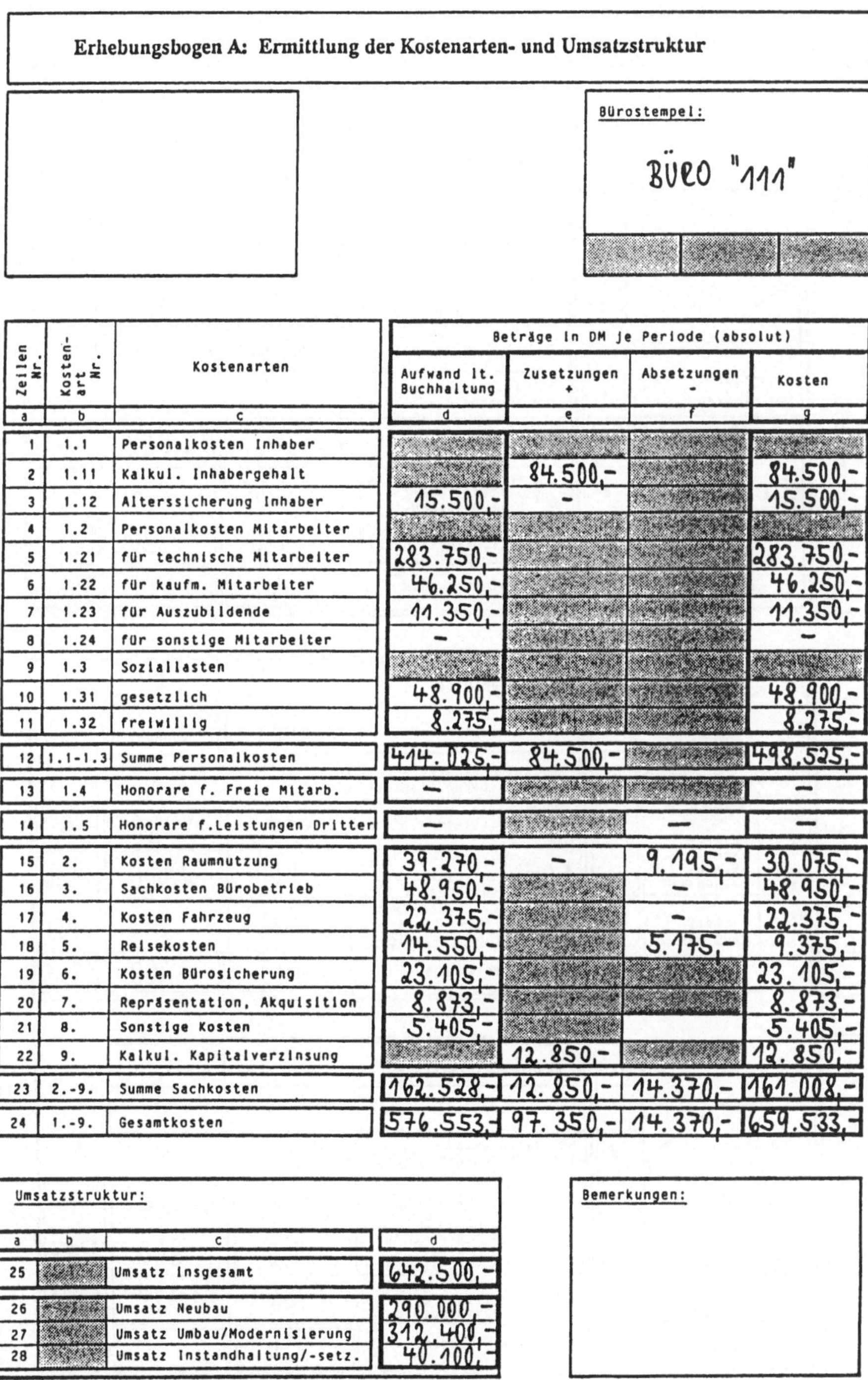

Erhebungsbogen A: Ermittlung der Kostenarten- und Umsatzstruktur

Bürostempel:

Zeilen Nr.	Kostenart Nr.	Kostenarten	Beträge in DM je Periode (absolut)			
			Aufwand lt. Buchhaltung	Zusetzungen +	Absetzungen -	Kosten
a	b	c	d	e	f	g
1	1.1	Personalkosten Inhaber				
2	1.11	Kalkul. Inhabergehalt		84.500,-		84.500,-
3	1.12	Alterssicherung Inhaber	15.500,-	-		15.500,-
4	1.2	Personalkosten Mitarbeiter				
5	1.21	für technische Mitarbeiter	283.750,-			283.750,-
6	1.22	für kaufm. Mitarbeiter	46.250,-			46.250,-
7	1.23	für Auszubildende	11.350,-			11.350,-
8	1.24	für sonstige Mitarbeiter	-			-
9	1.3	Soziallasten				
10	1.31	gesetzlich	48.900,-			48.900,-
11	1.32	freiwillig	8.275,-			8.275,-
12	1.1-1.3	Summe Personalkosten	414.025,-	84.500,-		498.525,-
13	1.4	Honorare f. Freie Mitarb.	-			-
14	1.5	Honorare f. Leistungen Dritter	-		-	-
15	2.	Kosten Raumnutzung	39.270,-	-	9.195,-	30.075,-
16	3.	Sachkosten Bürobetrieb	48.950,-		-	48.950,-
17	4.	Kosten Fahrzeug	22.375,-		-	22.375,-
18	5.	Reisekosten	14.550,-		5.175,-	9.375,-
19	6.	Kosten Bürosicherung	23.105,-			23.105,-
20	7.	Repräsentation, Akquisition	8.873,-			8.873,-
21	8.	Sonstige Kosten	5.405,-			5.405,-
22	9.	Kalkul. Kapitalverzinsung		12.850,-		12.850,-
23	2.-9.	Summe Sachkosten	162.528,-	12.850,-	14.370,-	161.008,-
24	1.-9.	Gesamtkosten	576.553,-	97.350,-	14.370,-	659.533,-

Umsatzstruktur:

a	b	c	d
25		Umsatz insgesamt	642.500,-
26		Umsatz Neubau	290.000,-
27		Umsatz Umbau/Modernisierung	312.400,-
28		Umsatz Instandhaltung/-setz.	40.100,-

Bemerkungen:

Bild 20: Erhebungsbogen zur Ermittlung der Kostenartenstruktur und des Gemeinkostenzuschlagssatzes

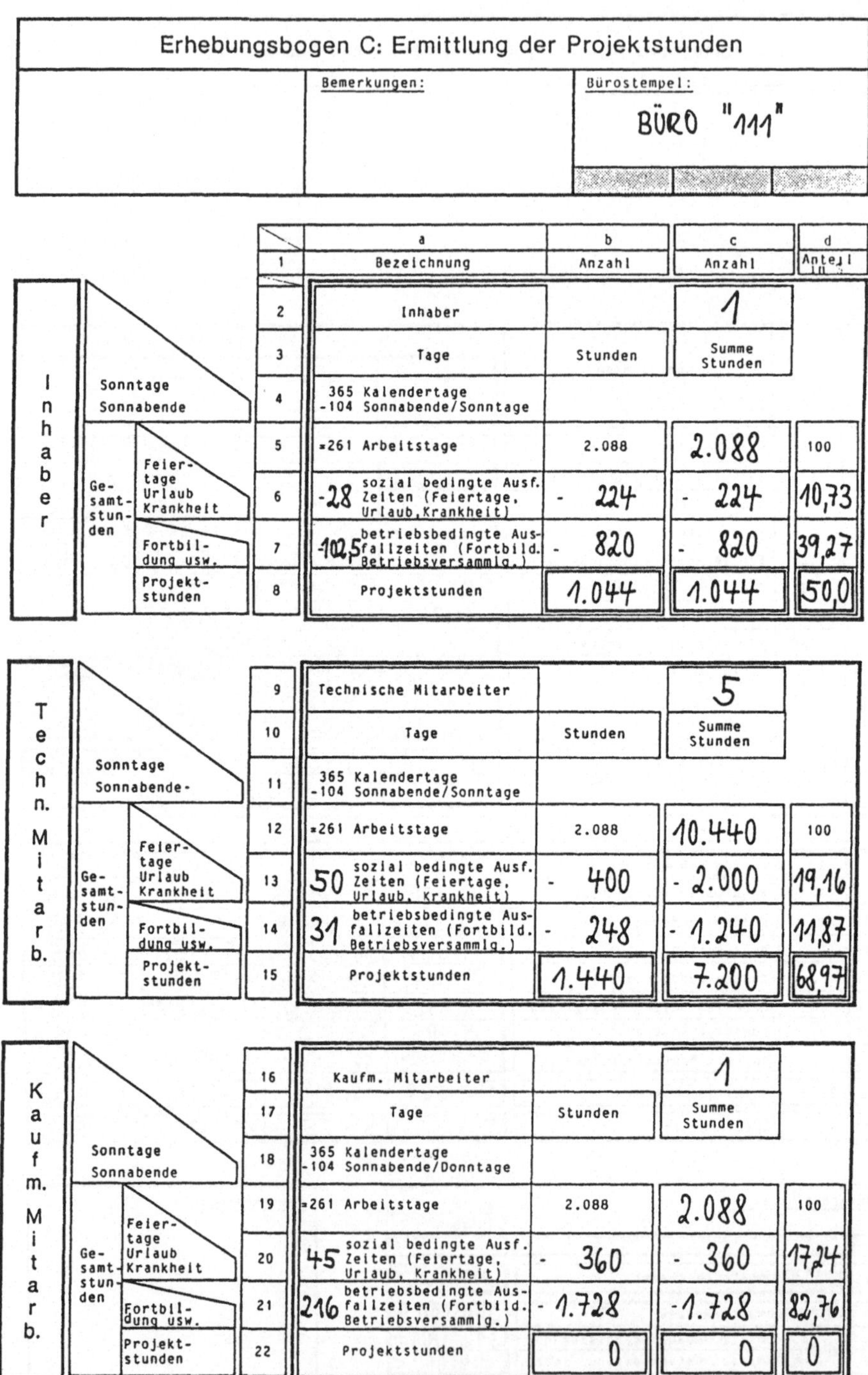

		a	b	c	d
	1	Bezeichnung	Anzahl	Anzahl	Anteil in %
	2	Inhaber		1	
	3	Tage	Stunden	Summe Stunden	
Sonntage / Sonnabende	4	365 Kalendertage -104 Sonnabende/Sonntage			
	5	=261 Arbeitstage	2.088	2.088	100
	6	-28 sozial bedingte Ausf. Zeiten (Feiertage, Urlaub, Krankheit)	- 224	- 224	10,73
	7	-102,5 betriebsbedingte Ausfallzeiten (Fortbild. Betriebsversammlg.)	- 820	- 820	39,27
Projektstunden	8	Projektstunden	1.044	1.044	50,0

		a	b	c	d
	9	Technische Mitarbeiter		5	
	10	Tage	Stunden	Summe Stunden	
Sonntage / Sonnabende-	11	365 Kalendertage -104 Sonnabende/Sonntage			
	12	=261 Arbeitstage	2.088	10.440	100
	13	50 sozial bedingte Ausf. Zeiten (Feiertage, Urlaub, Krankheit)	- 400	- 2.000	19,16
	14	31 betriebsbedingte Ausfallzeiten (Fortbild. Betriebsversammlg.)	- 248	- 1.240	11,87
Projektstunden	15	Projektstunden	1.440	7.200	68,97

		a	b	c	d
	16	Kaufm. Mitarbeiter		1	
	17	Tage	Stunden	Summe Stunden	
Sonntage / Sonnabende	18	365 Kalendertage -104 Sonnabende/Donntage			
	19	=261 Arbeitstage	2.088	2.088	100
	20	45 sozial bedingte Ausf. Zeiten (Feiertage, Urlaub, Krankheit)	- 360	- 360	17,24
	21	216 betriebsbedingte Ausfallzeiten (Fortbild. Betriebsversammlg.)	- 1.728	- 1.728	82,76
Projektstunden	22	Projektstunden	0	0	0

Bild 21:   Projektstundenermittlung für Inhaber, techn. Mitarbeiter und kaufm. Mitarbeiter

Welche Sachverhalte im Erhebungsbogen A jeweils den einzelnen Kostenarten zugerechnet werden soll, ist im Anhang 1 beschrieben. In Spalte d werden die Aufwendungen lt. Buchhaltung eingetragen. Dieser Arbeitsgang ist mit Hilfe einer "Kontenbrücke" relativ leicht durchführbar, weil die steuerlichen Aufzeichnungen häufig detaillierter vorliegen. Die Spalten e, f und g sind die formularmäßige Umsetzung von Bild 13. Als wichtigste Zusatzkosten für ein Planungsbüro müssen angesehen werden:

- das kalkulatorische Inhabergehalt
- die kalkulatorische Miete
- die kalkulatorische Kapitalverzinsung.

Letztere wird nach der Formel:

$$(\text{Jahresumsatz in DM}) \quad \times \quad \frac{4\ \text{Monate}}{12\ \text{Monate}} \quad \times\ 6\ \%$$

berücksichtigt, wobei der Jahresumsatz der Zeile 25 (im Erhebungsbogen A) entnommen wird.

Die Aufteilung der Kostenarten in Einzel- und Gemeinkosten (vgl. Bild 15 links) erfolgt bei den Personalkosten mit Hilfe des Erhebungsbogens C.
Hierbei ist zu beachten, daß der Anteil der Projektstunden an den Gesamtstunden und daraus resultierend die Summe der sozial- und betriebsbedingten Ausfallzeiten ganz wesentlich den Gemeinkostenzuschlag beeinflussen, und daß dieses Zahlungsgefüge bei Inhabern und Mitarbeitern völlig unterschiedlich ist (vgl. Bild 22).

Die Summe der Projektstunden ergibt sich aus der Bildung nachfolgender Differenz:

$$
\begin{aligned}
&\ \text{Gesamtstunden} \\
&-\ \text{sozialbedingte Ausfallzeiten (Stunden)} \\
&-\ \text{betriebsbedingte Ausfallzeiten (Stunden)} \\
&\overline{} \\
&=\ \text{Projektstunden}
\end{aligned}
$$

Während sich die Summe der **sozialbedingten Ausfallzeiten** aus den Bereichen:

- Feiertage,
- Urlaubstage,
- Krankheitstage

zusammensetzt, bereitet es oft Schwierigkeiten, die Höhe der **betriebsbedingten** Ausfallzeiten zu bestimmen. Hierzu ist anzumerken, daß es sich um solche Zeiten handelt, in denen man im oder für das Büro tätig gewesen ist, diese Zeiten jedoch nicht gezielt **einem Projekt** zuordnen konnte.

Beim **Inhaber** sind hierfür z. B. nachfolgende Tätigkeiten aufzuführen:

- Teilnahme an Fortbildungsveranstaltungen der Verbände und Kammern,
- Akquisition,
- Verbandsaktivitäten (Arbeitskreise usw.).

Bei den **Technischen Mitarbeitern** wären dies:

- Teilnahme an Wettbewerben,
- Teilnahme an Fortbildungsveranstaltungen,
- Fachzeitschriftendurchsicht.

Bei den **Kaufmännischen Mitarbeitern** fallen hierunter schließlich Tätigkeiten wie:

- allgemeine Bürotätigkeiten (Ablage, Schriftwechsel usw.)
- Buchhaltung
- Teilnahme an Fortbildungsveranstaltungen (z. B. Textverarbeitung).

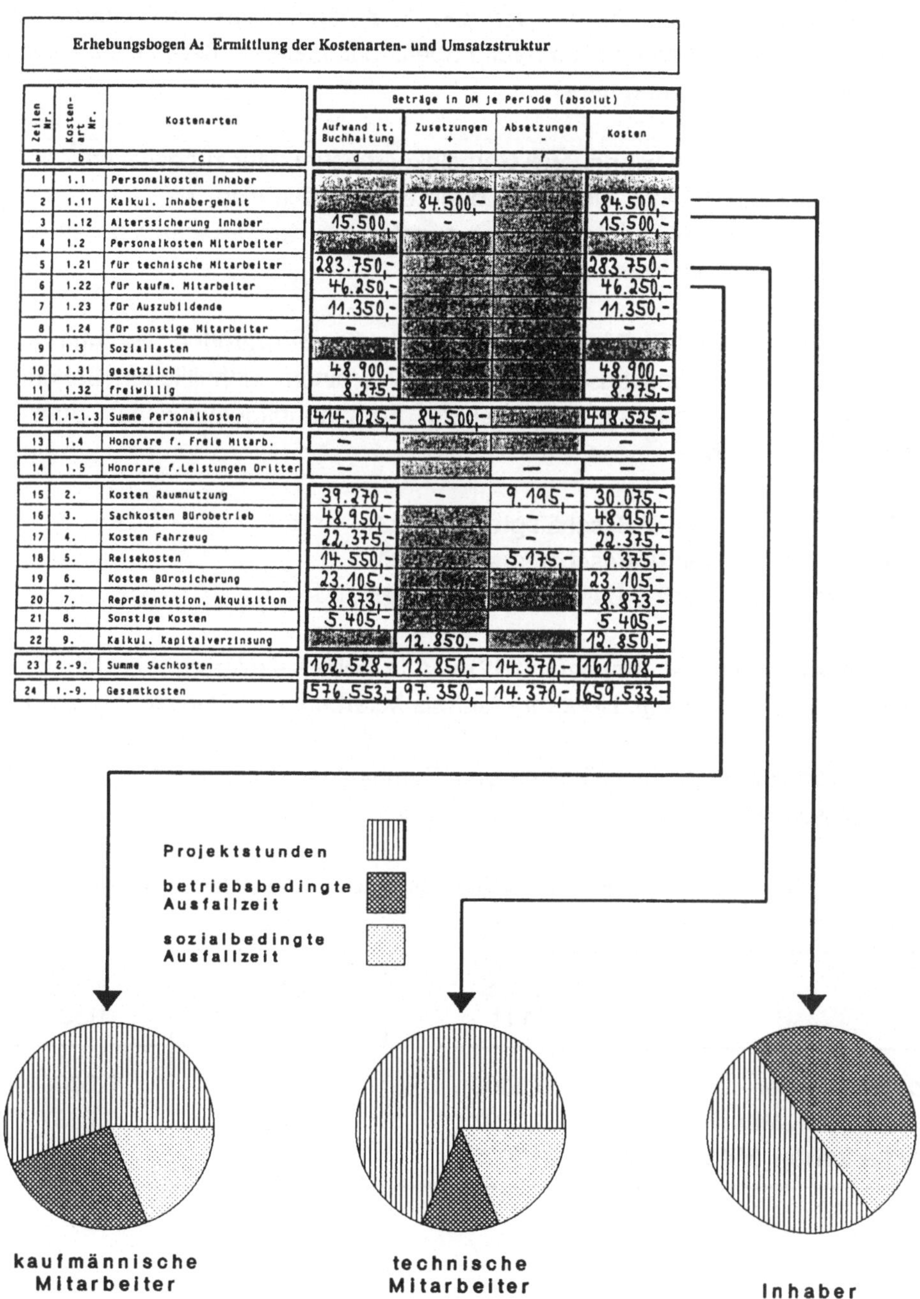

Zeilen Nr.	Kosten-art Nr.	Kostenarten	Beträge in DM je Periode (absolut)			
			Aufwand lt. Buchhaltung	Zusetzungen +	Absetzungen –	Kosten
a	b	c	d	e	f	g
1	1.1	Personalkosten Inhaber				
2	1.11	Kalkul. Inhabergehalt		84.500,–		84.500,–
3	1.12	Alterssicherung Inhaber	15.500,–	–		15.500,–
4	1.2	Personalkosten Mitarbeiter				
5	1.21	für technische Mitarbeiter	283.750,–			283.750,–
6	1.22	für kaufm. Mitarbeiter	46.250,–			46.250,–
7	1.23	für Auszubildende	11.350,–			11.350,–
8	1.24	für sonstige Mitarbeiter	–			–
9	1.3	Soziallasten				
10	1.31	gesetzlich	48.900,–			48.900,–
11	1.32	freiwillig	8.275,–			8.275,–
12	1.1-1.3	Summe Personalkosten	414.025,–	84.500,–		498.525,–
13	1.4	Honorare f. Freie Mitarb.	–		–	–
14	1.5	Honorare f. Leistungen Dritter	–		–	–
15	2.	Kosten Raumnutzung	39.270,–	–	9.195,–	30.075,–
16	3.	Sachkosten Bürobetrieb	48.950,–		–	48.950,–
17	4.	Kosten Fahrzeug	22.375,–		–	22.375,–
18	5.	Reisekosten	14.550,–		5.175,–	9.375,–
19	6.	Kosten Bürosicherung	23.105,–			23.105,–
20	7.	Repräsentation, Akquisition	8.873,–			8.873,–
21	8.	Sonstige Kosten	5.405,–			5.405,–
22	9.	Kalkul. Kapitalverzinsung		12.850,–		12.850,–
23	2.-9.	Summe Sachkosten	162.528,–	12.850,–	14.370,–	161.008,–
24	1.-9.	Gesamtkosten	576.553,–	97.350,–	14.370,–	659.533,–

Bild 22: Der Anteil der betriebs- und sozialbedingten Ausfallzeiten sowie der Projektstunden beim Inhaber und den techn. und kaufm. Mitarbeitern

Der Anteil der Projektstunden bei den sog. kaufmännischen Mitarbeitern wird bei kleineren und mittleren Büros häufig überschätzt. Bei größeren Büros kann er eine gewisse Bedeutung haben.

Den Sachkosten haben wir generell Gemeinkostencharakter zugewiesen. Selbstverständlich könnte ein Buch oder eine Dienstreise, die nur für ein bestimmtes Projekt anfällt, diesem auch zugeteilt werden, aber was bringt das für die Genauigkeit der Kostenrechnung?

Um dem Leser die Einflüsse unterschiedlicher Bürogrößen vorzuführen, wurden drei Bürogrößen ausgewählt und nach einem einheitlichen Schema ausgewertet (das Programm liegt bei der Forschungsgemeinschaft Pfarr - Koopmann - Rüster).

- Büro-Nr. 111:   mit 7 Beschäftigten (Bild 23)
- Büro-Nr. 222:   mit 19 Beschäftigten (Bild 24)
- Büro-Nr. 333:   mit100 Beschäftigten (Bild 25).

Die Alterssicherung des Inhabers (1.12) wurde beim kalkulatorischen Inhabergehalt (1.1) berücksichtigt. Honorare für freie Mitarbeiter wurden nicht bezahlt.

Bei der Verteilung von Einzelkosten und Gemeinkosten wurde von folgenden Faktoren ausgegangen:

Tabelle 3: Basisdaten des Modellbüros für die Berechnung des Gemeinkostenzuschlagsatzes

	Büro 111	Büro 222	Büro 333
Faktor Inhaber	0,5000	0,2500	0,0000
Faktor tech. Mitarbeiter	0,6897	0,6513	0,6437
Faktor kaufm. Mitarbeiter	0,0000	0,0000	0,0000

Auswertungsbogen III: Berechnung des mittleren Projektstundensatzes und des Gemeinkostenzuschlagsatzes GKZ

								0,5000	Faktor INH
								0,6897	Faktor TM
								0,0000	Faktor KM
			Büro-Nr.	Bürogröße	Anzahl INH+TM	Gesamtstunden	Projektstunden	Sparte	Jahr
			111	7	6	12.528	8.244	A	1988
			Kosten	INH+TM+KM	INH+TM	DM je	DM je	Einzelkosten	Gemeinkosten
			DM/Jahr	DM/Mitarbeiter	DM/Mitarbeiter	Gesamtstunde	Projektstunde	DM	DM
	A	B	C	D	E	F	G	H	I
8	1.11 + 1.12	Kalk.Inh.-Gehalt+Alterssicherung	100.000,00	14.285,71	16.666,67	7,98	12,13	50.000,00	50.000,00
9	1. 21	Gehälter: Techn. Mitarbeiter	283.750,00	40.535,71	47.291,67	22,65	34,42	195.702,38	88.047,63
10	1. 22	Gehälter: Kaufm.Mitarbeiter	46.250,00	6.607,14	7.708,33	3,69	5,61	0,00	46.250,00
11	1. 23	Gehälter: Auszubildende	11.350,00	1.621,43	1.891,67	0,91	1,38		11.350,00
12	1. 24	Gehälter: Sonst. Mitarbeiter	0,00	0,00	0,00	0,00	0,00		0,00
13	1. 2	Summe der Gehälter: Mitarbeiter	341.350,00	48.764,29	56.891,67	27,25	41,41		
14	1. 31	Gesetzliche Soziallasten	48.900,00	6.985,71	8.150,00	3,90	5,93		48.900,00
15	1. 32	Freiwillige Soziallasten	8.275,00	1.182,14	1.379,17	0,66	1,00		8.275,00
16	1. 3	Summe der Soziallasten	57.175,00	8.167,86	9.529,17	4,56	6,94		
17	1. 0	Summe Personalkosten (o.Freie MA)	498.525,00	71.217,86	83.087,50	39,79	60,47		
18	2. 0	Kosten Raumnutzung	30.075,00	4.296,43	5.012,50	2,40	3,65		30.075,00
19	3. 0	Sachkosten Bürobetrieb	48.950,00	6.992,86	8.158,33	3,91	5,94		48.950,00
20	4. 0	Kosten Fahrzeug	22.375,00	3.196,43	3.729,17	1,79	2,71		22.375,00
21	5. 0	Reisekosten	9.375,00	1.339,29	1.562,50	0,75	1,14		9.375,00
22	6. 0	Kosten Bürosicherung	23.105,00	3.300,71	3.850,83	1,84	2,80		23.105,00
23	7. 0	Repräsentation, Akquisition	8.873,00	1.267,57	1.478,83	0,71	1,08		8.873,00
24	8. 0	Sonstige Kosten	5.405,00	772,14	900,83	0,43	0,66		5.405,00
25	9. 0	Kalkulatorische Kapitalverzinsung	12.850,00	1.835,71	2.141,67	1,03	1,56		12.850,00
26	2.0 - 9.0	Summe der Sachkosten	161.008,00	23.001,14	26.834,67	12,85	19,53		
27	1.0 - 9.0	Summe der Personal- und Sachkosten	659.533,00	94.219,00	109.922,17	52,64	80,00	245.702,38	413.830,63
28	GKZ	Gemeinkostenzuschlagsatz							168,43

Bild 23: Berechnung des mittleren Projektstundensatzes und des Gemeinkostenzuschlagsatzes für das Büro 111

#	A	B	Kosten DM/Jahr C	INH+TM+KM DM/Mitarbeiter D	INH+TM DM/Mitarbeiter E	DM je Gesamtstunde F	DM je Projektstunde G	Einzelkosten DM H	Gemeinkosten DM I
1								0,2500	Faktor INH
2								0,6513	Faktor TM
3								0,0000	Faktor KM
4			Büro-Nr.	Bürogröße	Anzahl INH+TM	Gesamtstunden	Projektstunden	Sparte	Jahr
5			222	19	16	33.408	20.922	A	1988
8	1.11 + 1.12	Kalk.Inh.-Gehalt+Alterssicherung	125.000,00	6.578,95	7.812,50	3,74	5,97	31.250,00	93.750,00
9	1. 21	Gehälter: Techn. Mitarbeiter	877.125,00	46.164,47	54.820,31	26,25	41,92	571.271,51	305.853,49
10	1. 22	Gehälter: Kaufm.Mitarbeiter	130.605,00	6.873,95	8.162,81	3,91	6,24	0,00	130.605,00
11	1. 23	Gehälter: Auszubildende	14.091,00	741,63	880,69	0,42	0,67		14.091,00
12	1. 24	Gehälter: Sonst. Mitarbeiter	0,00	0,00	0,00	0,00	0,00		0,00
13	1. 2	Summe der Gehälter: Mitarbeiter	1.021.821,00	53.780,05	63.863,81	30,59	48,84		
14	1. 31	Gesetzliche Soziallasten	129.800,00	6.831,58	8.112,50	3,89	6,20		129.800,00
15	1. 32	Freiwillige Soziallasten	31.379,00	1.651,53	1.961,19	0,94	1,50		31.379,00
16	1. 3	Summe der Soziallasten	161.179,00	8.483,11	10.073,69	4,82	7,70		
17	1. 0	Summe Personalkosten (o.Freie MA)	1.308.000,00	68.842,11	81.750,00	39,15	62,52		
18	2. 0	Kosten Raumnutzung	80.395,00	4.231,32	5.024,69	2,41	3,84		80.395,00
19	3. 0	Sachkosten Bürobetrieb	156.587,00	8.241,42	9.786,69	4,69	7,48		156.587,00
20	4. 0	Kosten Fahrzeug	52.133,00	2.743,84	3.258,31	1,56	2,49		52.133,00
21	5. 0	Reisekosten	23.633,00	1.243,84	1.477,06	0,71	1,13		23.633,00
22	6. 0	Kosten Bürosicherung	46.705,00	2.458,16	2.919,06	1,40	2,23		46.705,00
23	7. 0	Repräsentation, Akquisition	12.135,00	638,68	758,44	0,36	0,58		12.135,00
24	8. 0	Sonstige Kosten	38.650,00	2.034,21	2.415,63	1,16	1,85		38.650,00
25	9. 0	Kalkulatorische Kapitalverzinsung	39.112,00	2.058,53	2.444,50	1,17	1,87		39.112,00
26	2.0 - 9.0	Summe der Sachkosten	449.350,00	23.650,00	28.084,38	13,45	21,48		
27	1.0 - 9.0	Summe der Personal- und Sachkosten	1.757.350,00	92.492,11	109.834,38	52,60	84,00	602.521,51	1.154.828,49
28	GKZ	Gemeinkostenzuschlagsatz							191,67

Bild 24: Berechnung des mittleren Projektstundensatzes und des Gemeinkostenzuschlagsatzes für das Büro 222

Auswertungsbogen III: Berechnung des mittleren Projektstundensatzes und des Gemeinkostenzuschlagsatzes GKZ

								0,0000	Faktor INH
								0,6437	Faktor TM
								0,0000	Faktor KM

			Büro-Nr.	Bürogröße	Anzahl INH+TM	Gesamtstunden	Projektstunden	Sparte	Jahr
			333	100	85	177.480	112.896	A	1988
			Kosten	INH+TM+KM	INH+TM	DM je	DM je	Einzelkosten	Gemeinkosten
			DM/Jahr	DM/Mitarbeiter	DM/Mitarbeiter	Gesamtstunde	Projektstunde	DM	DM
	A	B	C	D	E	F	G	H	I
8	1.11 + 1.12	Kalk.Inh.-Gehalt+Alterssicherung	150.000,00	1.500,00	1.764,71	0,85	1,33	0,00	150.000,00
9	1. 21	Gehälter: Techn. Mitarbeiter	4.998.000,00	49.980,00	58.800,00	28,16	44,27	3.217.212,60	1.780.787,40
10	1. 22	Gehälter: Kaufm.Mitarbeiter	812.497,00	8.124,97	9.558,79	4,58	7,20	0,00	812.497,00
11	1. 23	Gehälter: Auszubildende	53.474,00	534,74	629,11	0,30	0,47		53.474,00
12	1. 24	Gehälter: Sonst. Mitarbeiter	0,00	0,00	0,00	0,00	0,00		0,00
13	1. 2	Summe der Gehälter: Mitarbeiter	5.863.971,00	58.639,71	68.987,89	33,04	51,94		
14	1. 31	Gesetzliche Soziallasten	814.950,00	8.149,50	9.587,65	4,59	7,22		814.950,00
15	1. 32	Freiwillige Soziallasten	158.768,00	1.587,68	1.867,86	0,89	1,41		158.768,00
16	1. 3	Summe der Soziallasten	973.718,00	9.737,18	11.455,51	5,49	8,62		
17	1. 0	Summe Personalkosten (o.freie MA)	6.987.689,00	69.876,89	82.208,11	39,37	61,89		
18	2. 0	Kosten Raumnutzung	395.125,00	3.951,25	4.648,53	2,23	3,50		395.125,00
19	3. 0	Sachkosten Bürobetrieb	775.575,00	7.755,75	9.124,41	4,37	6,87		775.575,00
20	4. 0	Kosten Fahrzeug	248.684,00	2.486,84	2.925,69	1,40	2,20		248.684,00
21	5. 0	Reisekosten	174.954,00	1.749,54	2.058,28	0,99	1,55		174.954,00
22	6. 0	Kosten Bürosicherung	248.195,00	2.481,95	2.919,94	1,40	2,20		248.195,00
23	7. 0	Repräsentation, Akquisition	96.105,00	961,05	1.130,65	0,54	0,85		96.105,00
24	8. 0	Sonstige Kosten	88.043,00	880,43	1.035,80	0,50	0,78		88.043,00
25	9. 0	Kalkulatorische Kapitalverzinsung	243.430,00	2.434,30	2.863,88	1,37	2,16		243.430,00
26	2.0 - 9.0	Summe der Sachkosten	2.270.111,00	22.701,11	26.707,19	12,79	20,11		
27	1.0 - 9.0	Summe der Personal- und Sachkosten	9.257.800,00	92.578,00	108.915,29	52,16	82,00	3.217.212,60	6.040.587,40
28	GKZ	Gemeinkostenzuschlagsatz							187,76

Bild 25: Berechnung des mittleren Projektstundensatzes und des Gemeinkostenzuschlagsatzes für das Büro 333

Beim Büro mit 7 Beschäftigten wird unterstellt, daß der Inhaber mit der Hälfte seiner Zeit noch an Projekten tätig ist, beim Büro mit 19 Beschäftigten reduziert sich der Projektanteil auf 25 %, und beim Büro mit 100 Beschäftigten kommen keine Projektstunden für den Inhaber zum Ansatz.

So finden wir in den Bildern 23, 24 und 25:

- Spalte C: die absoluten Kostengrößen,

- Spalte D: die Kostenarten bezogen auf den Mitarbeiter
                      (Inhaber + techn. Mitarbeiter + kaufm. Mitarbeiter),

- Spalte E: die Kostenarten bezogen auf den Mitarbeiter
                      (Inhaber + techn. Mitarbeiter),

- Spalte F: die Kostenarten bezogen auf die Gesamtstunden,

- Spalte G: die Kostenarten bezogen auf die Projektstunden.

Die jeweiligen Gemeinkostenzuschlagsätze sind der Spalte I (Zeile 28) zu entnehmen:

- Büro Nr. 111:   GKZ von 168,43 %,
- Büro Nr. 222:   GKZ von 191,67 %,
- Büro Nr. 333:   GKZ von 187,76 %.

Nun sieht man sehr deutlich, daß sich der Inhaber zwar ein x-beliebiges kalkulatorisches Inhabergehalt zubilligen kann, wenn aber in der verbesserten Überschußrechnung nicht entsprechend viel übrigbleibt, nutzen die ganzen Ansätze und Vergleiche mit anderen Berufsgruppen nichts.

Die Höhe des Gemeinkostenzuschlagsatzes oder des Gemeinkostenfaktors und die Zahl der anzusetzenden Jahresstunden bereiten nicht nur denen, die diese Werte akzeptieren sollen, also den Auftraggebern, sondern auch den Auftragnehmern, die diese nachweisen sollen, erhebliche Schwierigkeiten.
So kann sich ein Mitarbeiter der öffentlichen Hand - weil ihm sein eigener Stundensatz nie vorgerechnet wurde - über die Gemeinkosten, die schließlich auf den Einzelkosten ruhen, keine rechte Vorstellung machen.
Am besten gelingt der "Einstieg" zum Verständnis über die in Bild 26 darge-stellte Bezugsgrößenhierarchie.

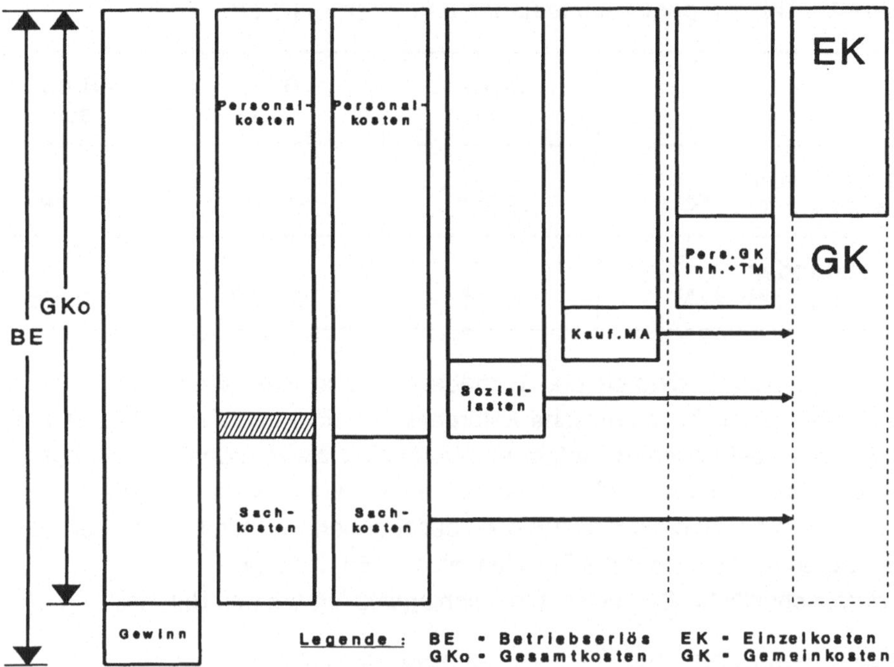

Bild 26:   Bezugsgrößenhierarchie

Beginnen wir von links mit der Erläuterung, dann müßte also vom Betriebserlös jener Anteil - der den Gewinn darstellt - abgezogen werden. Die Gesamtkosten werden gleich 100 gesetzt.
Da in den Personalkosten auch die Fremdhonorare enthalten sind, müssen diese erst einmal eliminiert werden, und der neue Sockel muß gleich 100 gesetzt werden.
In einem weiteren Schritt werden die Sachkosten abgespalten und nach rechts zu den Gemeinkosten übertragen.

Spaltet man von den verbliebenen Anteilen die Soziallasten ab und löst schließlich die Kosten der kaufmännischen Mitarbeiter aus den Personalkosten heraus, so erhält man einen ersten GKZ, dem effektive Stunden in Höhe der Projektstunden für Inhaber und technische Mitarbeiter in folgender Gruppenordnung gegenüberstehen:

Tabelle 4:   Tableau der Gesamtstunden und Projektstunden

	Büro 111	Büro 222	Büro 333
Gesamtstunden **(Inhaber u. tech. MA)**	12.528	33.408	177.480
Projektstunden **(Inhaber u. tech. MA)**	8.244	20.922	112.896

Da nun die sozialbedingten und betriebsbedingten Ausfallzeiten für Inhaber
und Partner sowie für technische Mitarbeiter recht unterschiedlich ausfallen,
werden diese bei unserem Verfahren differenziert als Personal-Gemeinkosten
des/der Inhaber(s) und technischen Mitarbeiter ausgewiesen. Dann ist aber
nicht mehr von den Projektstunden auszugehen, sondern von den 261
Arbeitstagen multipliziert mit 8 Stunden, also 2.088 Stunden.
Der durchschnittliche Gemeinkostenzuschlagsatz lag bei den Büros:

Tabelle 5:   Vom GKZ über den GKF zum Promillewert

Büro	GKZ	GKF	Promillewert
111	168,43	268,43	$\frac{2684}{2088} = 1,285$
222	191,67	291,67	$\frac{2917}{2088} = 1,397$
333	187,76	287,76	$\frac{2878}{2088} = 1,378$

Mit diesen Promillewerten muß also jedes Gehalt multipliziert werden, um den
Ingenieurstundensatz **ohne** Wagnis und Gewinn und ohne Mehrwertsteuer zu
erhalten.
Für einen technischen Mitarbeiter (T 5) aus dem Büro 111 wäre der Stundensatz wie folgt zu ermitteln:

- Monatsgehalt: 4.130,- DM
- Vereinbarung: 13 Gehälter
- Jahresgehalt: 53.690,- DM
- 53.690,- DM multipliziert mit 1,285‰ ergibt einen Stundensatz von **69,- DM**.

2.4 Berechnung der Projektstunde

Bei der "Wanderschaft" durch die diversen Büros begegnet man einer Vielzahl
von Berechnungsmethoden. Ganz gleich, ob "handgestrickte Berechnungen"
vorliegen, sich Wirtschaftsprüfer und Steuerberater unterstützend beteiligten
oder ob Auftraggeber der Berechnung ein bestimmtes Schema aufdrückten,
jedesmal sieht die Berechnung und das Ergebnis anders aus.
Wir behaupten, daß sich alle Ansätze in dieser Hinsicht in vier Kategorien ein-
ordnen lassen, wobei es für jede Kategorie nur eine richtige Berechnungs-
möglichkeit gibt.
Zum besseren Verständnis betrachten wir Bild 27, wo wir ein Planungsbüro in
verschiedene Bereiche (z. B. Akquisition, Auftragssteuerung, Technik, Finanz-
ressort usw.) eingeteilt haben und andererseits verschiedenen Stationen des
"Aufwand-machens" und des "Erlös-bildens" entsprechende betriebswirtschaftliche Rechengrößen (wie Ausgaben-Einnahmen, Kosten-Erlöse) zugeordnet
haben.

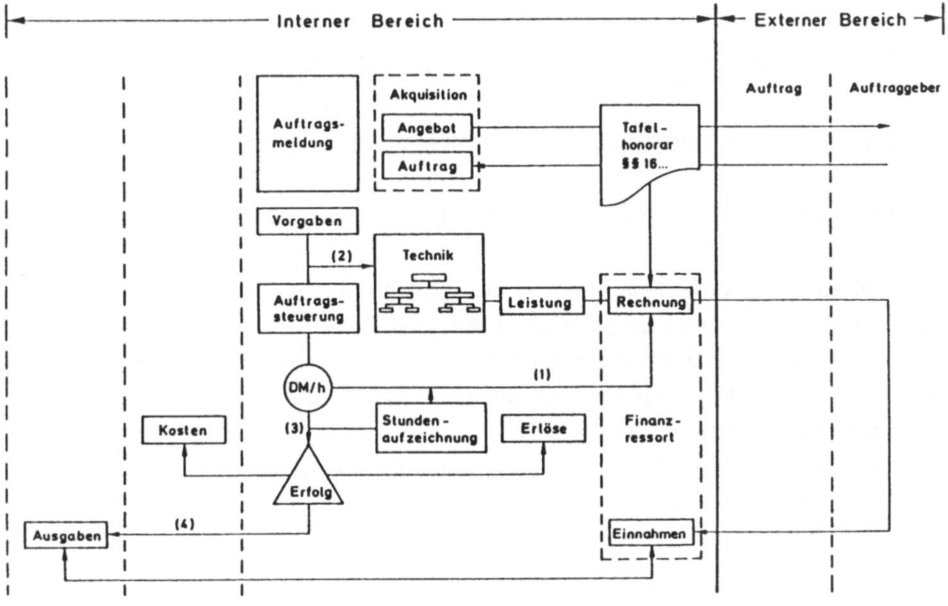

Bild 27:   Betriebsbereiche und Rechengrößen

In Bild 27 haben wir den Stundensatz DM/Std. unterhalb der Auftragssteuerung angeordnet und unterstellen vier Verrechnungsalternativen:

I.   Die Ingenieurstunde als preisbildendes Element

Von einem Auftraggeber werden für einen bestimmten Auftrag X Stunden
"verlangt". Dabei wird je nach dem Anforderungsprofil aus einem gewissen
Fachbereich eine bestimmte Person, die dort in eine Gehaltshierarchie einge-
bunden ist, angefordert (Bild 28).

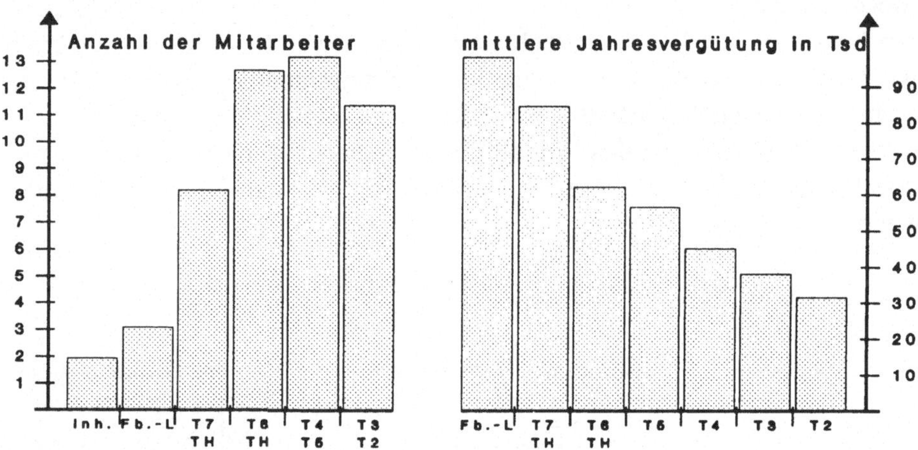

Bild 28:   Gehaltspyramide (aus einer betriebsvergleichenden Studie gebildet)

Solche Gehaltspyramiden entstehen, wenn man Organigramme (siehe
Anhang II) systematisch auswertet.
Das Gehalt des Mitarbeiters, der aus der Hierarchie des Organigramms an den
Auftraggeber abgestellt wird, muß durch die 2.088 Gesamtstunden dividiert
und dann mit dem Gemeinkostenfaktor multipliziert und mit einem Gewinn-
und Wagniszuschlag beaufschlagt werden, und diesem Betrag ist schließlich
noch die Mehrwertsteuer zuzurechnen.
Für den technischen Mitarbeiter (T 5) wären demnach nachfolgende Rechen-
schritte notwendig:

- Jahresgehalt (13 Gehälter): 53.690,- DM.

- Dieses Jahresgehalt durch die 2.088 Gesamtstunden dividiert: ergibt einen
  Wert von 25,71 DM/h.

- Diesen Stundensatz von 25,71 DM mit dem Gemeinkostenfaktor von 2,6843
  multiplizieren: ergibt den Ingenieurstundensatz von **69,- DM.**

II. Die Ingenieurstunde als mittlere Gehaltsstunde (Soll-Vorgabe)

Hier würden für einen bestimmten Auftrag im Wege der Vorkalkulation, z. B. Soll-Stunden mit dem Ingenieurstundensatz, multipliziert.

$$
\begin{array}{llll}
10.000 \text{ Std.} & \times \quad 80,\text{--} \text{ DM/Std.} & = & 800.000,\text{--} \text{ DM} \\
& + \quad 10\,\%\ \text{Gewinn und Wagnis} & = & 80.000,\text{--} \text{ DM} \\
\hline
& & & 880.000,\text{--} \text{ DM}
\end{array}
$$

Diese Größe ist mit dem Tafelhonorar zu vergleichen.

Liegt dieses bei 820.000 DM, so liegt ein kalkulatorischer Gewinnzuschlag von

$$
\frac{20.000 \text{ DM}}{800.000 \text{ DM}} \times 100 = 2,5\,\%
$$

vor.

Weist das Tafelhonorar einen Betrag von 780.000 DM auf, dann stehen nur 9.750 Stunden zur Verfügung und ex-ante ist kein Gewinn auszuweisen.

III. Die Ingenieurstunde als mitarbeiterspezifische Ist-Größe

Sie ähnelt dem Verfahren I, denn hier ist uns - unter der Voraussetzung entsprechender Aufzeichnungen - bekannt, welcher Mitarbeiter (also mit welchem Gehalt) wie lange an einem Projekt tätig war.

Inhaber	1.300 Std.	à	129,50	DM/Std.	= 168.350,-- DM
T 7	3.400 Std.	à	92,--	DM/Std.	= 312.800,-- DM
T 5	2.600 Std.	à	69,--	DM/Std.	= 179.400,-- DM
T 2	1.800 Std.	à	46,50	DM/Std.	= 83.700,-- DM
	9.100 Std.	à	81,7857	DM/Std.	= 744.250,-- DM

Tatsächlich wurden also nur 9.100 Stunden benötigt, der Ist-Stundensatz lag allerdings mit 81,78 DM über dem kalkulierten, angenommenen Stundensatz von 80,00 DM.

Wird später das **Soll** dem **Ist** gegenübergestellt, dann können - wenn sich das Auftragsvolumen nicht geändert hat - zwei Abweichungen vorliegen:

a) Mittlere Gehaltsstundenabweichung
b) Verbrauchsabweichung.

Tabelle 6:   Ermittlung von Gehalts- und Verbrauchsabweichungen

	Ist	Soll	Differenz
Gehalt	81,7857	80,-	- 1,7857
Mengen	9.100	10.000,-	+ 900
Betrag	744.250,-	800.000,-	+ 55.750,-
Gehaltsabweichung : 9.100 x 1,7857 =			- 16.250,-
Verbrauchsabweichung : 80 x 900 =			+ 72.000,-
			+ 55.750,-

IV   Die Ingenieurstunde unter Liquiditätsgesichtspunkten

Da einzelne Kostenarten (Inhabergehalt, kalkulatorische Miete, kalkulatorische Kapitalverzinsung) nicht oder nicht in der Höhe zu Ausgaben führen, kann kurzfristig auf solche ausgabenwirksamen Bestandteile bei Grenzkostenüberlegungen verzichtet werden.

Nehmen wir die Daten der Bilder 23 bis 25 auf, so ergeben sich für die drei Modellbüros folgende Zahlen für die Projektstunde (vgl. Tab. 7):

Je nachdem, mit welchen Gehältern sich die Inhaber zufriedengeben, ob sie über eigene Büroräume verfügen, kommen zusammen mit der kalkulatorischen Kapitalverzinsung zwischen 6,00 DM und 10,00 DM heraus.

Tabelle 7: Die mittleren Projektstundensätze und ihre Gliederung nach Kostenarten für die drei Modellbüros

			BÜRO 111	BÜRO 222	BÜRO 333
		Faktor Inhaber: Faktor Techn. MA: Faktor Kaufm. MA:	0,5000 0,6897 0	0,2500 0,6513 0	0,0000 0,6437 0
		KOSTENARTEN	DM/ Projekt- Stunde	DM/ Projekt- Stunde	DM/ Projekt- Stunde
	A	B	C	D	E
1	1.1+1.4	Kalk.Inh.-Gehalt+Alterssicherung	12,13	5,97	1,33
2	1.2.1	Gehälter: Techn. Mitarbeiter	34,42	41,92	44,27
3	1.2.2	Gehälter: Kaufm. Mitarbeiter	5,61	6,24	7,20
4	1.2.3	Gehälter: Auszubildende	1,38	0,67	0,47
5	1.2.4	Gehälter: Sonst. Mitarbeiter	0,00	0,00	0,00
6	1.2	Summe Gehälter: Mitarbeiter	41,41	48,84	51,94
7	1.3.1	Gesetzliche Soziallasten	5,93	6,20	7,22
8	1.3.2	Freiwillige Soziallasten	1,00	1,50	1,41
9	1.3	Summe Soziallasten	6,94	7,70	8,62
10	**1.0**	**Summe Personalkosten**	**60,47**	**62,52**	**61,89**
11	2.0	Kosten Raumnutzung	3,65	3,84	3,50
12	3.0	Sachkosten Bürobetrieb	5,94	7,48	6,87
13	4.0	Kosten Fahrzeug	2,71	2,49	2,20
14	5.0	Reisekosten	1,14	1,13	1,55
15	6.0	Kosten Bürosicherung	2,80	2,23	2,20
16	7.0	Repräsentation, Akquisition	1,08	0,58	0,85
17	8.0	Sonstige Kosten	0,66	1,85	0,78
18	9.0	Kalkulat. Kapitalverzinsung	1,56	1,87	2,16
19	**2.0-9.0**	**Summe Sachkosten**	**19,53**	**21,48**	**20,11**
20	**1.0-9.0**	**Personalkosten+Sachkosten**	**80,00**	**84,00**	**82,00**

2.5 Vorkalkulation - aber wie?

Es ist schwierig, ideologiebeladene, traditionsreiche Systeme (Honorarsysteme, Berufsstände, Volkswirtschaften) auf neue Felder umzustellen. Das
amerikanische Sprichwort "You can not teach an old dog new tricks" scheint
auch für solche Systeme zu gelten. Es geht also um die Frage, ob durch Ideo-
logie und Tradition geprägte Honorarsysteme - die, wie wir gesehen haben,
über 200 Jahre alt sind - sich aus sich selbst heraus ändern, oder ob man von
außerhalb auf diese Systeme eingreifen muß.

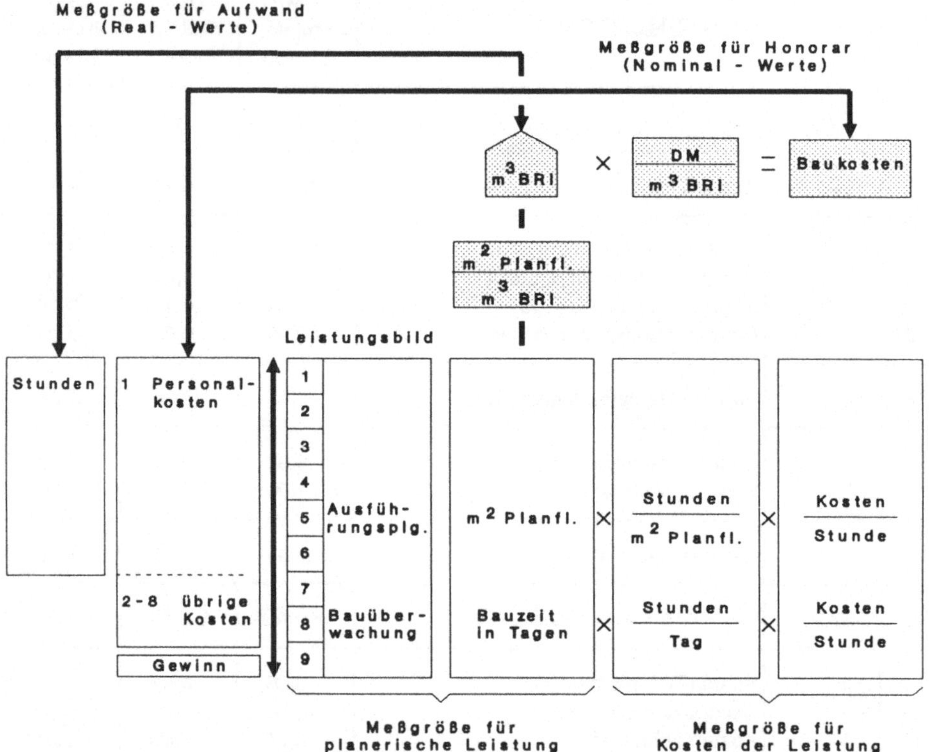

Bild 29:   Diverse Meßgrößen

Bei näherem Hinsehen (vgl. Bild 29) stellen wir nämlich fest, daß die den Personalkosten "vorgelagerte" Größe sich in Stunden ausdrücken läßt. Jetzt wird
doch jedem einleuchten, daß die Meßgröße für den Aufwand (Real-Werte), also
das Verhältnis von h/m^3 BRI sich "stabiler" im Zeitverlauf verhält als die Meßgröße für das Honorar (Nominal-Werte), wo doch die anrechenbaren Baukosten, wie wir in Bild 7 gesehen haben, erheblichen Schwankungen unterliegen. Da stecken eventuell überhöhte Preise durch Preisabsprachen drin, und
da purzeln die Baupreise einmal bei schlechter Konjunktur in den Keller.

Die ganzen Honorarordnungen beruhen auf der rechten Verbindungslinie in Bild 29 (Nominal-Werte) und sind genauso wenig exakt wie das Verhältnis DM/m^3 BRI.

Die Meßgrößen für planerische Leistungen müssen schon phasenorientiert gesehen werden.

Die Meßgrößen für die Kosten der Leistung finden wir in Bild 29 rechts unten. Stellt man solche Kennzahlen für die verschiedenen Objektbereiche systematisch zusammen, so kommt man zu hochinteressanten Erfahrungswerten, die für die langfristige Überlebensfähigkeit eines Planungsbüros mehr aussagen, als manche Daten der Steuerbilanz.

Wenn wir das Honorar in die Leistungsphasen zerlegen, dann sehen wir rasch, daß da völlig andere Meßgrößen für die planerische Leistung angesprochen werden.

Bei einigen Leistungsphasen steht die visualisierte Information, bei anderen die Koordination im Vordergrund (vgl. Bild 30).

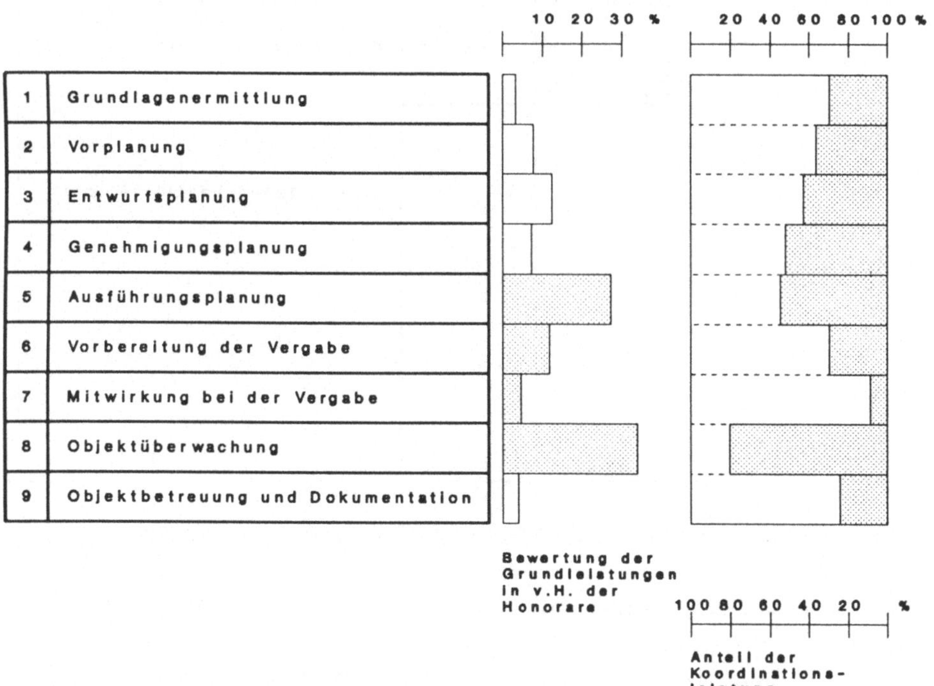

Bild 30: Verhältnis von visualisierter Information und Koordination im Leistungsbild § 15 nach Pfarr - Frik (aus Untersuchungen in den Jahren 1978 - 1980)

Je komplexer ein Bauvorhaben ist, desto mehr nimmt die Koordinations-
leistung zu, und nicht wenige Projekte gehen darüber in die roten Zahlen.

Entwürfe und Planungen von Bauwerken sind natürlich schöpferische Tätigkeiten, die sich nur zum Teil in rationalen Daten ausdrücken lassen. Daher zeigen Architekten und Ingenieure kaum Neigung, verbindliche Vorgaben für die
Dauer eines Vorentwurfes zu akzeptieren. Andererseits haben einschlägige
Studien ergeben, daß der Anteil der Angestelltentätigkeit im Bereich "Entscheidung" und "kreative und leitende Tätigkeit" im Schnitt nur 30 % ausmacht, 70 %
sind überwiegend Routinetätigkeit (vgl. Bild 31).

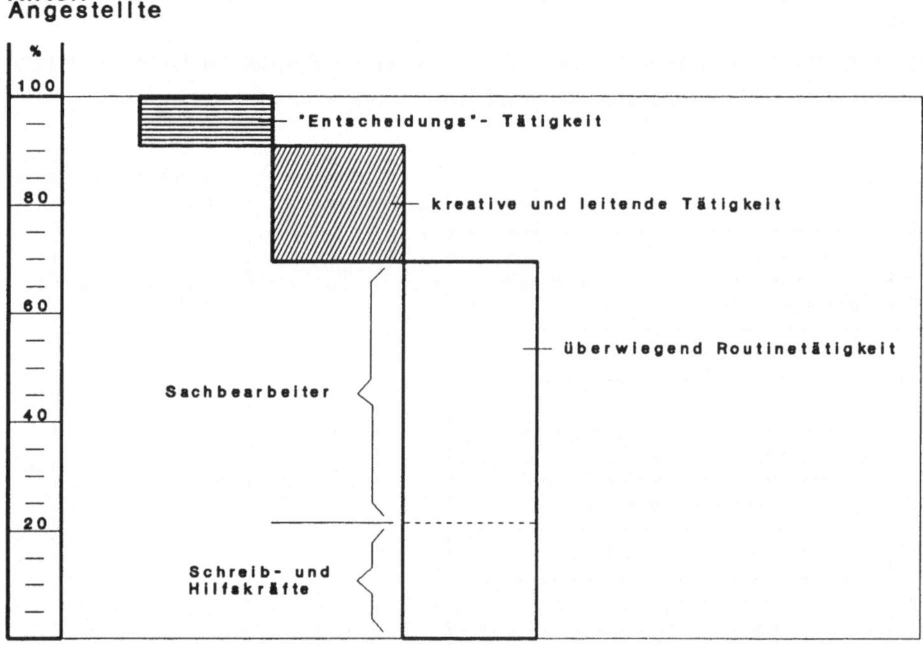

Bild 31:   Der Anteil unterschiedlicher Tätigkeiten bei den Angestellten

Wenn auch der Architekt und Ingenieur nur wenig Neigung zeigt, verbindliche
Vorgaben für die Dauer der Planung zu akzeptieren, so kann das im Kon-
kurrenzkampf stehende Planungsbüro auf eine Limitierung, d. h. auf eine Ziel-
vorgabe nicht verzichten.

Also zum Beispiel bei einem Verwaltungsgebäude von 20.000 m³ BRI nach der Formel

$$0,30 \text{ h/m}^3 \text{ x } 20.000 \text{ m}^3 = 6.000 \text{ h} \quad \text{für den Fachbereich Architektur,}$$

dann erfolgt die Aufteilung auf die einzelnen Leistungsphasen.

Tabelle 8:   Aufteilung von Soll-Stunden auf die einzelnen Leistungsphasen

Leistungsphase	1	2	3	4	5	6	7	8	9
Aufteilung nach HOAI (100 %)	3	7	11	6	25	10	4	31	3
Aufteilung nach Büro X intern (100 %)	1,5	3	8,5	3,0	33	11	5	32	3
Soll-Stunden 6.000	90	180	510	180	1.980	660	300	1.920	180

Solche baukostenneutrale Honorartafeln lassen sich selbstverständlich für alle Objektbereiche zeichnen (vgl. Bild 32).

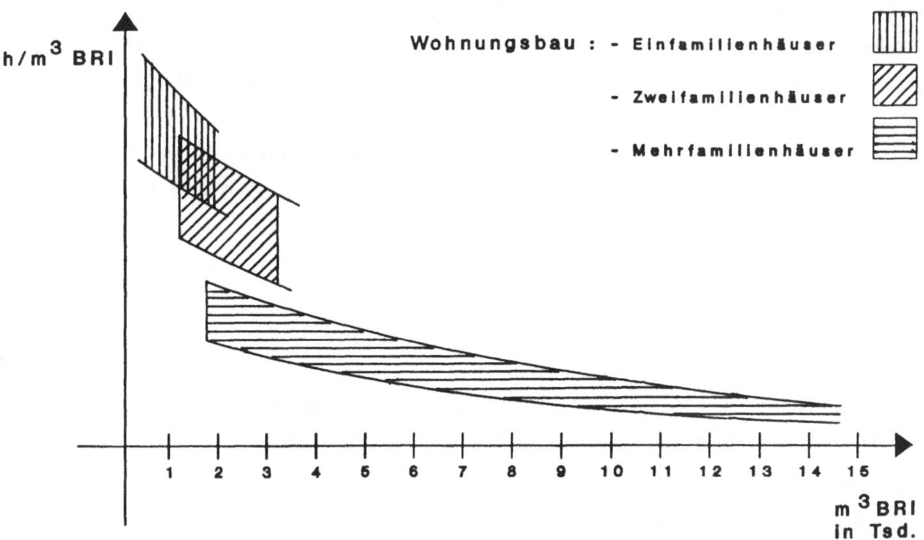

Bild 32:   Baukostenneutrale Honorartafeln

Man erkennt, daß Tafeln, die auf bautechnischen Kenngrößen beruhen, ganz anders verlaufen als Honorartafeln, die für alle Objektbereiche Gültigkeit haben sollen. Sie "enden" früher und fangen eventuell "später" an. Sie stellen bürospezifische Produktivitätslinien dar, an deren Verschiebung man Rationalisierungserfolge, zunehmende Beratungsqualität usw. genauer verfolgen könnte.

Werden also für ein Einfamilienhaus mit 800 m^3 BRI **0,6 h/m^3 BRI** angesetzt, so ergeben sich eben nur 480 verfügbare Stunden. Für die Grundlagenermittlung verbleiben dann nur 14,4 Stunden, für den Vorentwurf 33,6 Stunden, also zusammen 48 Stunden. Dann darf ich aber kein Lehrerehepaar als Bauherrn haben, denn dann ist bald die Hälfte der Zeit in Planungsgesprächen verdiskutiert.

2.6 Nachkalkulation - aber regelmäßig !

Voraussetzung für eine aussagefähige Nachkalkulation sind Stundenberichte (wöchentlich, halbmonatlich), die eine Kontierung der Projektstunden nach Leistungsphasen 1 - 9 oder in Blöcken der Phasen 1 - 5 bzw. 6 - 9 zulassen, als auch die Kontierung in sozial- und betriebsbedingte Ausfallzeiten ermöglichen. Das Schema, wie von der Gesamtarbeitszeit die sozial- und betriebsbedingten Ausfallzeiten "abgespalten" werden, geht aus Bild 21 hervor.

Betrachtet man zunächst nur den oder die Inhaber und die technischen Mitarbeiter, so muß beachtet werden, daß bei der Höhe der **sozial- und betriebsbedingten Ausfallzeiten** beider Gruppen unterschiedliche Anteile zu erkennen sind.

Als Durchschnittswert für die **sozialbedingten Ausfallzeiten** kann man bei den technischen Mitarbeitern von **50 Tagen** ausgehen, die sich wie folgt zusammensetzen:

- 11 Feiertage,
- 25 Tage Urlaub,
- 14 Tage Krankheit.

Dagegen ist bei den Inhabern von einem Durchschnittswert von **35 Tagen** als **sozialbedingte Ausfallzeit** auszugehen. Die geringere Anzahl beruht auf nachfolgenden Sachverhalten:

- geringere Urlaubszeit,
- an manchen Feiertagen werden unaufschiebbare Arbeiten erledigt,
- geringerer Krankenstand.

Als Durchschnittswert für die **betriebsbedingten Ausfallzeiten** kann man bei den Inhabern und den technischen Mitarbeitern von **31 Tagen** ausgehen. Hierbei muß jedoch beachtet werden, daß insbesondere bei den Inhabern eine breite Streuung dieser Zeiten möglich ist, die in der Regel von der Bürogröße abhängig ist.

Bei einem sehr kleinen Büro muß der Inhaber notgedrungen immer bemüht sein, den Anteil der betriebsbedingten Ausfallzeiten gering zu halten, damit er nicht durch seine erhöhten betriebsbedingten Ausfallzeiten eine äußerst geringe Anzahl von Projektstunden verbuchen kann und damit der mittlere Projektstundensatz des Büros in kaum honorierbare Höhen getrieben wird.

Bei mittleren und größeren Büros steigt dagegen - infolge größerer Akquisitionsbemühungen, eventueller Verbands- und Kammertätigkeiten und Weiterbildungsveranstaltungen - der Anteil der betriebsbedingten Ausfallzeiten. Damit wird erklärbar, daß insbesondere bei den größeren Büros der Anteil der betriebsbedingten Ausfallzeiten beim Inhaber so hoch ist, daß durch ihn keine Projektstunden mehr verbucht werden können.

Die ermittelten Projektstunden des Inhabers und der technischen Mitarbeiter (evtl. auch noch der kaufmännischen Mitarbeiter) sind dann gemäß detaillierter Aufzeichnung auf die einzelnen Projekte als Ganzes oder nach Leistungsphasen aufzuteilen. Werden diese Ist-Werte auf bautechnische Bezugsgrößen umgerechnet, so ergeben sich baukostenneutrale Honorartafeln, wie sie in Bild 32 dargestellt werden. Wichtig ist dabei, daß für die einzelnen Objektbereiche getrennte Aufzeichnungen gemacht werden, und daß die Objekte qualitativ und quantitativ in den wesentlichsten Zügen beschrieben werden. Dazu gehören:

- Objektcharakteristik

- Auftragserteilung und Fertigstellung

- Bautechnische Bezugsgrößen (m^3 BRI, Nutzfläche, BGF usw.)

- Kostenermittlungsergebnisse (Datum, Betrag usw.)
  - Kostenschätzung
  - Kostenberechnung
  - Kostenanschlag
  - Kostenfeststellung

- Planungsanforderungen

- Honorarvereinbarung

- Stundenbilanz (das heißt: Vergleich der Ist-Werte mit dem Projektstruktur-plan, siehe Bild 33)

- Schwierigkeiten der Planung (phasenorientiert)

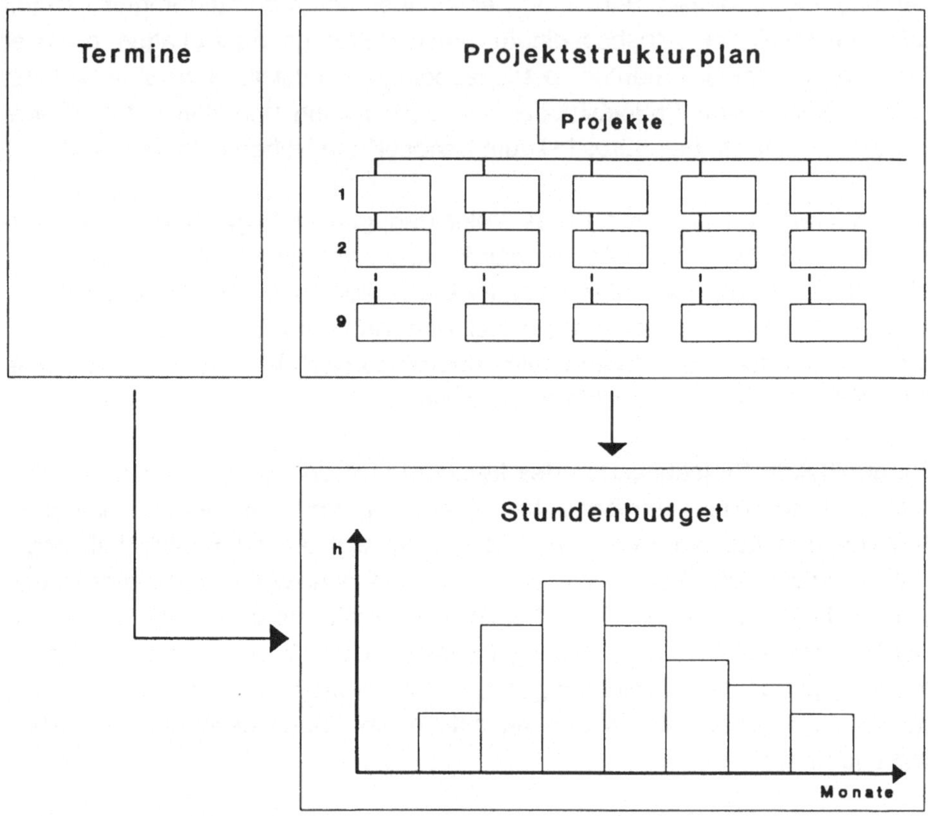

Bild 33:   Projektstrukturplan

Zu den Planungsanforderungen und den Schwierigkeiten bei der Planung sollen für zwei unterschiedliche Objekte einige Anmerkungen gemacht werden (Originalton):

Objekt A:

Einfamilienhaus mit Einliegerwohnung. Sehr schwieriges Gelände mit zwei gegenüber dem Baukörper in verschiedene Richtungen laufenden Hang-ebenen und einer Geländeverwerfung.

Schwierigkeiten bei der Entsorgung, da der Abwasserkanal höher als die tiefste Entwässerungsebene liegt.

Kostenlimit des Bauherrn, der Rechtsanwalt ist und sich auf Bauprozesse spezialisiert hat.

Erschwerend kam hinzu, daß der Bauherr aus Gründen, die ausschließlich er zu vertreten hatte, an ortsansässige Kleinunternehmer gebunden war, die nicht gewohnt waren, genau nach Ausführungs- und Detailplänen zu arbeiten. Geringe Termintreue dieser Firmen hat die Objektüberwachung aufs Äußerste strapaziert.

Grundlagenermittlung und Vorplanung:

Infolge der schwierigen Geländeverhältnisse wurden mehrere Alternativen untersucht, die letztendlich zu einer Abänderung des Bebauungsplanes (Traufrichtung) führten. Diese während Leistungsphase 2 geführten Verhandlungen mit der Baugenehmigungsbehörde waren definitiv, so daß während Leistungsphase 3 Verhandlungen nicht mehr notwendig waren.

Entwurfs- und Genehmigungsplanung:

Hierbei hat offensichtlich eine Verschiebung zwischen den Leistungsphasen 3 und 4 stattgefunden, die aber mit größter Wahrscheinlichkeit auf einer nicht ganz exakten Trennung der Leistungsphasen bei der Zeiterfassung beruht.

Ausführungsplanung:

Das Haus wurde sehr sorgfältig durchgeplant, z. B. wurden die außenliegenden Konstruktionsteile wie Balkone, Stützen, Stürze thermisch getrennt konstruiert. Die starke Verwendung von Holz erforderte eine sehr gründliche Detaillierung in größeren Maßstäben bis 1 : 1. Möglicherweise liegen auch Gründe in der Person des Sachbearbeiters vor wie mangelnde Kooperationsbereitschaft oder Schwierigkeiten bei der Erfassung von konstruktiven Zusammenhängen.

Vorbereitung der Vergabe:

Die Erfahrungen bei der Durchführung kleinerer Bauvorhaben wie z. B. des vorliegenden zeigen, daß das Honorar für eine gründliche und exakte Mengenermittlung und für Leistungsbeschreibungen, die individuelle Ausführungen betreffen, nicht ausreicht.

<u>Objektüberwachung:</u>

Der überhöhte Aufwand ist eindeutig durch die ortsansässigen Kleinunternehmer verursacht, die der ihnen gestellten Aufgabe nicht gewachsen waren.

Objekt B:

Klassizistisches Haus mit zwei Geschossen, Kellergeschoß und nicht ausgebautem Dach.
Umbau und Anbau eines Treppenhauses zwecks teilweiser Vermietung. Auflagen des Denkmalamtes. Sehr hohe Anforderungen des Bauherrn an heutige und künftige Nutzungen. Gestalterische Bindungen außen und innen.
Die Planungsphase reichte über 6 Jahre, bedingt durch eine außergewöhnlich geringe Entscheidungsfähigkeit des Bauherrn. Der Bauherr versuchte, aus finanziellen und steuerlichen Gründen eine Lösung zu finden, die zugleich alle Möglichkeiten der künftigen Veränderungen in der Familie und sonstigen Eventualitäten beinhaltet. Zu diesen Merkmalen des Bauherrn tritt eine Ängstlichkeit in finanziellen Dingen, die ihren Niederschlag in drei Kostenschätzungen und drei Kostenberechnungen samt deren Fortschreibungen findet. Obwohl die Bauaufnahme extra honoriert wurde, haben sich während der Ausführungsplanung zusätzliche Aufwendungen für weitere Maß- und Materialaufnahmen, Öffnen von Konstruktionsteilen, ergeben. Als besondere Erschwernis ist die Tatsache zu werten, daß der Bauherr während der Ausführung der Baumaßnahme im Haus wohnen blieb (6-Personen-Haushalt).

<u>Grundlagenermittlung bis Genehmigungsplanung:</u>

Diese Leistungsphasen können, obwohl es sich um ein unter Denkmalschutz stehendes Objekt handelt, als normaler Ablauf hinsichtlich Aufwand und Kosten gesehen werden. Daß noch Überschüsse erzielt wurden, ist der relativ hohen Ausschöpfung des Honorars zuzuschreiben (33 %).

<u>Ausführungsplanung:</u>

Dagegen zeigt Leistungsphase 5 deutlich, daß eine individuell durchgearbeitete Ausführungs- und Detailplanung trotz des relativ hohen Honorars nicht kostendeckend durchgeführt werden konnte.

<u>Vorbereitung der Vergabe bis Objektüberwachung:</u>

Für die Leistungsphasen 6, 7 und 8 gelten die gleichen Bedingungen wie für Leistungsphase 5.

Wer auf diese Art einige hundert Objekte nachkalkulieren konnte, wird den Versuchen - wie es in dem Artikel von Steinfort (in: Der Gemeindehaushalt, Nr. 11, S. 268, 1980) vorgeführt worden ist -, mit äußerster Skepsis begegnen.

Hier wird nämlich eine Proportionalität auch von Teilleistungen über die gesamte Spanne der anrechenbaren Kosten und über alle Objektbereiche unterstellt. Der Verfasser Pfarr hat von ca. 30 Objekten aus 3 verschiedenen Büros, die über besonders sorgfältige Aufzeichnungen verfügten, versucht, obige Angaben zu verifizieren. Es stimmte nichts.

Da man unterstellen kann, daß dem Verfasser Steinfort überhaupt keine detaillierten Aufzeichnungen vorlagen, ist das Scharlatanerie. Das wird auch dadurch nicht geheilt, wenn ein sonst so angesehener Kommentar (Pott / Dahlhoff: Honorarordnung für Architekten und Ingenieure, Kommentar, 4. Auflage, Essen 1985, S. 559 ff.) diesen kalkulatorischen Unfug abdruckt.

Steinfort bewertet z. B. die **Kostenschätzung nach DIN 276** innerhalb der Vorplanung mit **1,4 %** (die gesamte Leistungsphase 2 nach § 15 der HOAI entspricht 7 %).

Wie wirkt sich nun diese detaillierte Bewertung einer Teilleistung der Vorplanung auf die Honorierung bzw. mögliche "Soll-Stunden" exakt aus?

Hierzu werden 3 unterschiedliche Objekte ausgewählt. Das Ausgangsdatenmaterial ist der nachfolgenden Tabelle 9 zu entnehmen.

Tabelle 9:   Objektgrößen und Kosten der 3 Beispielobjekte

Objektbereich	Objektgröße (m^3 BRI)	Kosten des Bauwerkes (3.0 in DM/m^3 BRI)	Summe Kosten des Bauwerkes
1	2	3	4
Einfamilien-haus	750	300,-	225.000,- DM
Mehrfamilien-haus	7.500	400,-	3.000.000,- DM
Verwaltungs-gebäude	50.000	500,-	25.000.000,- DM

Geht man nun davon aus, daß der Architekt jeweils die Honorarzonen III, Mindestsatz, vereinbaren konnte, so läßt sich folgendes Ergebnis darstellen:

Tabelle 10:   Ermittlung der Honorare und "Soll-Stunden" für die ausgewählte
              Teilleistung "Kostenschätzung nach DIN 276"

Objektbereich	Anrechenbare Kosten (ohne MwSt.) DM	Honorar (ohne MwSt.) DM Phasen 1-9	Honorar für die Teilleistung Kostenschätzung	"Soll-Stunden" für die Teilleistung Kostenschätzung
1	2	3	4	5
Einfamilienhaus	197.368,42	19.140,53	267,97	3,35
Mehrfamilienhaus	2.631.578,95	173.521,05	2.429,29	30,37
Verwaltungsgebäude	21.929.824,56	1.281.105,26	17.935,47	224,19

Welche Erkenntnisse bzw. Ergebnisse können der Tabelle 10 entnommen
werden?

-   Spalte 3 gibt das gesamte Honorar für die Leistungsphasen 1 - 9 an.

-   Multipliziert man dieses Honorar mit dem von Steinfort angegebenen
    Prozentsatz von 1,4 für die Teilleistung "Kostenschätzung nach DIN 276",
    so gibt Spalte 4 das entsprechende Honorar für die Teilleistung wieder.

-   Dividiert man nun dieses "Teilhonorar" z.B. durch den mittleren Projekt-
    stundensatz von 80,- DM, so erhält man die "Soll-Stunden", die man theore-
    tisch für diese Teilleistung verwenden dürfte bzw. die dem Planer zur Verfü-
    gung stehen. Diese "Soll-Stunden" sind der Spalte 5 zu entnehmen.

Dieses Zahlenwerk verdeutlicht zwei Extreme:

-   Für das Einfamilienhaus stehen für die Kostenschätzung demnach nur
    3,35 Stunden zur Verfügung,

-   für das Verwaltungsgebäude stehen dagegen 224,19 Stunden zur Verfü-
    gung.

Beachtet man jetzt den geforderten Genauigkeitsgrad der Kostenschätzung
(z.B. 2. Stelle der Gliederungssystematik der DIN 276) aufgrund der Berücksichtigung von Flächen bzw. Rauminhalten nach DIN 277, so bildet gerade

diese überschaubare Teilleistung "Kostenschätzung nach DIN 276" ein Parade-
beispiel dafür, welchen kalkulatorischen Unfug die detaillierte Bewertung von
Teilleistungen mit sich bringt.
Auf weitere Anmerkungen zu diesem Sachverhalt wird verzichtet - das Zahlengefüge sagt alles aus.

2.7 Betriebs- und Projektergebnisrechnung

In Bild 34 werden die Rechnungselemente eines Systems von Grundrechnungen und deren Zusammenspiel verdeutlicht.

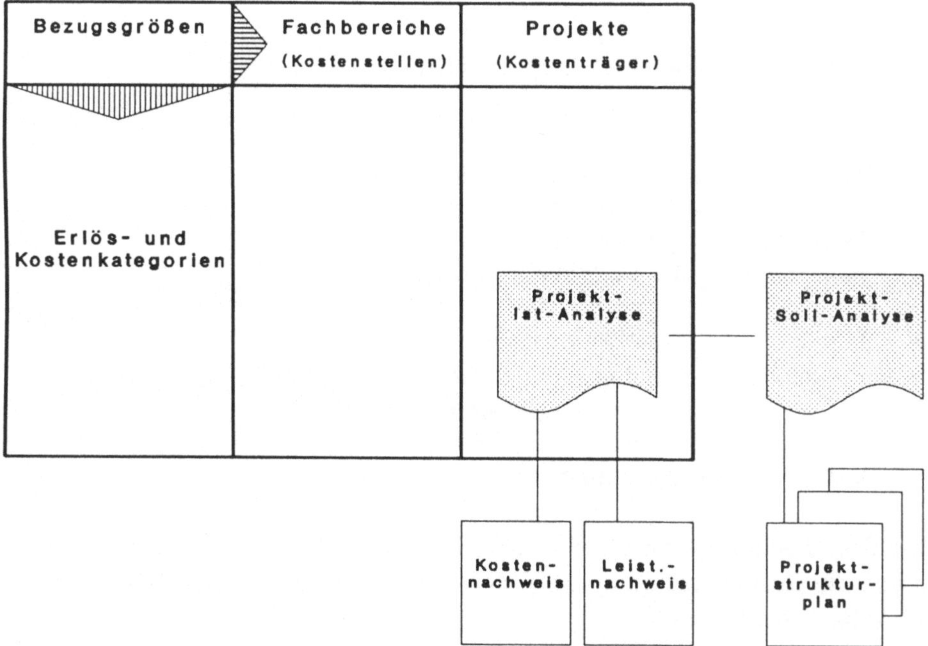

Bild 34:   System diverser Grundrechnungen

Unter Bezugsgrößen versteht man die einzelnen Fachbereiche (oder den
Betrieb als Ganzes) und die sogenannten Projekte. Von den Erlösen (geschätzt
oder tatsächlich abgerechnet) müssen nun die Periodeneinzelkosten abgesetzt
werden. Von den Periodeneinzelkosten werden zunächst abgetrennt die Reisekosten und die Honorare für freie Mitarbeiter, Co-Büros usw., die mit einem

speziellen Auftrag verbunden sind (man könnte sie auch als beschäftigungs-variabel bezeichnen).

Dann werden in einem zweiten Schritt die beschäftigungsfixen Kosten (auch Betriebsbereitschaftskosten genannt) abgetrennt, dazu zählen:

- Gehälter
- Soziallasten
- Raumnutzungskosten
- Sachkosten des Bürobetriebs
- Kosten der Fahrzeughaltung
- Reisekosten den ganzen Betrieb betreffend
- Kosten der Bürosicherung
- Repräsentation, Akquisition
- Sonstige Kosten.

Damit erhält man folgende Beitragsvolumina:

    Erlöse
./. beschäftigungsvariable Periodeneinzelkosten

= Deckungsbeitragsvolumina I
./. beschäftigungsfixe Periodeneinzelkosten

= Deckungsbeitragsvolumina II
./. Periodengemeinkosten   (Kalkulatorische Abschreibung, kalkulatorische Zinsen)

= Deckungsbeitragsvolumina III

Die Grundrechnung, die für alle Fachbereiche zu führen ist, soll die Kontrolle durch die Geschäftsführung möglich machen, ob die einzelnen Fachbereiche wirtschaftlich arbeiten.

Neben dieser primär ergebnisorientierten Kontrolle, d. h. Kontrollobjekt ist die Hauptabteilung Technik als Ganzes, ist jedoch eine Überwachung der einzelnen Projekte vorgesehen.

Diese Kontrolle übernehmen die **zukunfts**orientierte Projekt-**Soll**-Analyse und die **vergangenheits**orientierte Projekt-**Ist**-Analyse. Durch laufende Soll-Ist-Vergleiche wird dem Projektleiter die Möglichkeit gegeben, Regulierungsmaß-nahmen rechtzeitig einzuleiten und die Geschäftsleitung zu informieren (vgl. Bild 35).

Neben der stundenmäßigen Auftragsüberwachung ist quartalsweise oder halbjährig an einen Kosten- und Leistungsnachweis zu denken. Durch die recht willkürliche Schlüsselung von Gemeinkosten können die einzelnen Projekte oder auch Fachbereiche unterschiedlich belastet werden, so daß der eigentliche Beitrag dieses Objektes oder dieses Fachbereiches zum Betriebsergebnis falsch dargestellt wird. Eine Möglichkeit, dieses auszuschließen, besteht in der sog. Deckungsbeitragsrechnung.

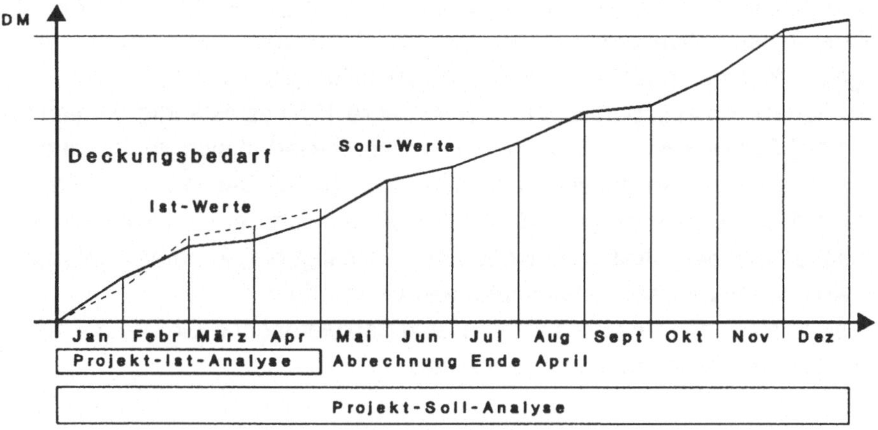

Bild 35:   Deckungsbedarf im Soll-Ist-Vergleich

Das Grundprinzip der Deckungsbeitragsrechnung ist, den Leistungen und Funktionen im Planungsbüro nur diejenigen Kosten zuzurechnen, die von diesem direkt verursacht werden. Eine Schlüsselung von Kosten, die auf keiner eindeutigen Verursachung beruht, ist nicht erlaubt. Es dürfen also den Kostenträgern nur die durch die Leistungserstellung direkt verursachten Kosten zugerechnet werden. Das Kostenträgerergebnis ist dann die Differenz zwischen dem Nettoerlös und den Periodeneinzel- und Periodengemeinkosten.

Der Nutzen besteht in der wesentlich verbesserten Aussagekraft der Vollkostenrechnung.

A)   Mit dem Verzicht auf die Gemeinkostenumlage auf die Kostenträger wird vermieden, daß Aufträge abweichender Kostenartenstruktur (sie hatten Anteil an den freien Mitarbeitern und Co-Büros) unterschiedlich mit Gemeinkosten belastet werden.

Ein sachlich richtiger Orientierungsmaßstab, der auch einen verantwortlichen Projektleiter motivieren kann, ist der Soll-Deckungsbeitrag je Projektstunde.

B)   Die Betriebsergebnisrechnung im System der Deckungsbeitragsrechnung weist die unverteilten Gemeinkostenblöcke in den einzelnen Fachbereichen aus und zeigt damit, wie die einzelnen Bereiche zum Betriebsergebnis ihren Beitrag geleistet haben.

Solche detaillierten Analysen sind natürlich nur für große Büros mit mehreren Fachbereichen notwendig. Für Kleinbüros reicht es aus, die (Honorar-)Umsatz-Ausgaben-Kurven im zeitlichen Ablauf darzustellen (vgl. Bild 36).
Wir gehen davon aus, daß sich Herr X im Jahre 1970 selbständig gemacht hat. Mit 40.000 DM Überschuß fing es an. Dann verbesserten sich die Spannen. Sie lagen in den Jahren zwischen 50.000 und 70.000 DM. 1982 erfolgte der Absturz. 1985 blieben magere 12.000 DM übrig. Wenn er sich auch ein kalkulatorisches Inhabergehalt von 60.000 DM zugebilligt hat, kann er sich ausrechnen, welchen betriebswirtschaftlichen Verlust er tätigte.
Man sieht also, das Inhabergehalt ist eine kalkulatorische Größe, die mit den tatsächlichen Einkünften nichts zu tun hat.

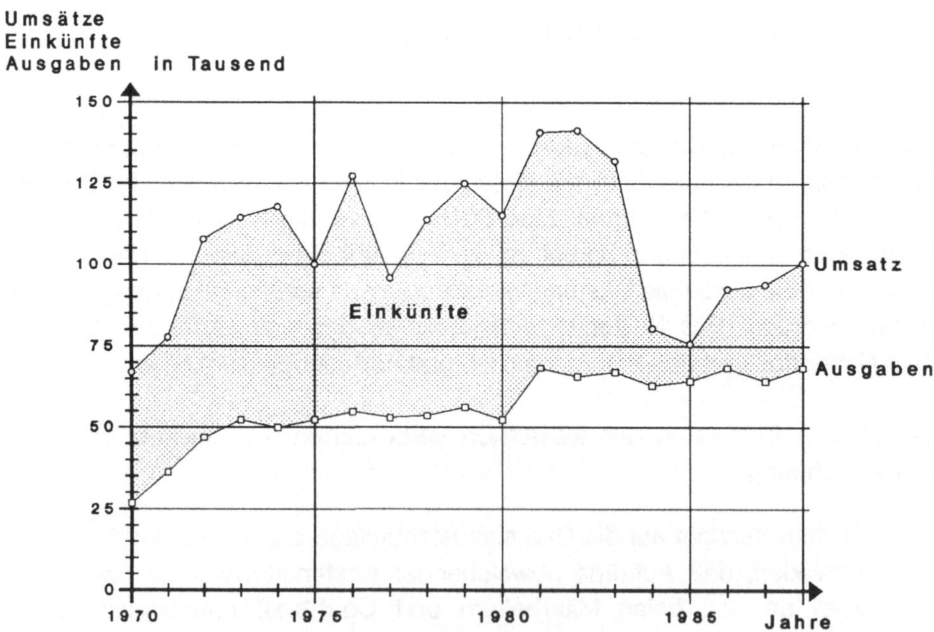

Bild 36:   Honorar(Umsatz)-Ausgaben-Einkünfte-Kurven

3 Sonderprobleme der Kosten- und Leistungsrechnung

Nachdem wir uns in den vorhergehenden Abschnitten so eingehend mit der Ermittlung der Projektstunden und ihrer Bedeutung für die Vor- und Nachkalkulationen sowie für die Betriebs- und Projektergebnisrechnung auseinandergesetzt haben, wollen wir uns jetzt einigen Modellrechnungen zuwenden, die für die Beantwortung nach der Angemessenheit von Stundensätzen und Honoraren ständig ins Feld geführt werden.

3.1 Der Einfluß des Inhabergehaltes auf die Kosten der Projektstunde - oder was kostet das "sozialistische Gehäuse"?

Weiter oben haben wir ausgeführt, daß bei den meisten Planungsbüros - die nicht in Rechtsformen der GmbH oder AG geführt werden - für den Büroinhaber oder die Partner ein kostenmäßiger Ansatz gefunden werden muß (kalkulatorisches Inhabergehalt). Wir haben schon festgestellt, daß es sicher dafür keine Formel geben kann, auch keine **richtige** Größe, sondern nur **vergleichbare** Überlegungen (höchstbezahlteste Mitarbeiter unter Berücksichtigung eines Zuschlags für Mehrarbeit und Mehrverantwortung).

Man vergleiche in diesem Zusammenhang das Bild 22, wo die sozial- und betriebsbedingten Ausfalltage von Inhaber und Mitarbeitern gegenübergestellt wurden.

Inhaber sind weniger häufig krank und arbeiten auch häufig an Feiertagen, da sollte man doch realistisch kalkulieren.

Wenn nun so eine Ingenieurstunde vom Auftraggeber "eingekauft" wird, möchte er zwar den Einsatz des Inhabers haben, den er nach Büroschluß noch ansprechen kann, bezahlen möchte er aber - wenn möglich - nur das, was wir als sog. "sozialistisches Gehäuse" bezeichnen.

Im Kapitel 2.4 ist bereits auf die Berechnung des Projektstundensatzes für drei ausgewählte Büros eingegangen worden (vgl. hierzu auch Tab.7). Die drei Büros sind dort mit den Nummern 111, 222 und 333 gekennzeichnet worden.

Die Berechnungen zur "Höhe" des mittleren Projektstundensatzes der drei Büros haben gezeigt, daß eine Spanne von 80,- DM bis 84,- DM je Projektstunde zu berücksichtigen ist.

Bevor auf den Einfluß der kalkulatorischen Inhabergehälter auf die Höhe des mittleren Projektstundensatzes eingegangen wird, einige Zahlen zur Darstellung der Bürogröße. Die differenzierte Mitarbeiterstruktur ist der nachfolgenden Tab. 11 zu entnehmen.

Tabelle 11:   Struktur der Bürogröße

Büro Nr.	Bürogröße	Inhaber (Anzahl)	Techn. Mitarb. (Anzahl)	Kaufm. Mitarb. (Anzahl)
1	2	3	4	5
111	7	1	5	1
222	19	1	15	3
333	100	1	84	15

Die jeweiligen Bürogrößen (in Spalte 2) ergeben sich somit aus der Summe des Inhabers sowie der technischen und kaufmännischen Mitarbeiter (Spalte 3 bis 5).
Nachfolgende Tab. 12 gibt für die drei Bürogrößen jeweils die drei kalkulatorischen Inhabergehälter wieder, die bei den weiteren Berechnungen zu berücksichtigen sind.

Tabelle 12:   Bürogrößen und alternative Inhabergehälter

Büro-Nr.	Höhe der kalkulatorischen Inhabergehälter (in DM)		
	Fall I (Ausgangssituation)	Fall II	Fall III
1	2	3	4
111	100.000,-	125.000,-	150.000,-
222	125.000,-	150.000,-	175.000,-
333	150.000,-	200.000,-	250.000,-

Die in Spalte 2 angegebenen kalkulatorischen Inhabergehälter stellen jeweils die Ausgangssituation dar. Unter Einbeziehung dieser Randbedingungen wurden für das Büro 111 ein mittlerer Projektstundensatz von 80,- DM, für das Büro 222 von 84,- DM und für das Büro 333 von 82,- DM ermittelt (vgl. Tab. 7).

Den Spalten 3 (Fall II) und 4 (Fall III) sind die veränderten kalkulatorischen Inhabergehälter zu entnehmen. Das Datenmaterial dieser Tabelle dient somit als Basis zur Beantwortung nachfolgender Fragestellung: Welchen Einfluß übt die Höhe des kalkulatorischen Inhabergehaltes auf den mittleren Projektstundensatz der Büros aus?

Hierbei ist als weitere Randbedingung zu beachten, daß die **Anzahl** der Projektstunden unverändert bleibt.

Die Ergebnisse und Auswirkungen veränderter kalkulatorischer Inhabergehälter sind in der Tabelle 13 zusammengefaßt worden.
Die Spalten C bis E dieser Tabelle beziehen sich auf das Büro 111, die Spalten F bis H auf das Büro 222 und die Spalten I bis L auf das Büro 333.

Im einzelnen können dieser Tabelle nachfolgende Sachverhalte entnommen werden:

- Zeile 1 gibt nochmals die jeweiligen kalkulatorischen Inhabergehälter (in Tausend DM) wieder.

- Die Werte der Zeile 2 geben an, um wieviel Prozent die kalkulatorischen Inhabergehälter jeweils angehoben worden sind.

- Der prozentuale Anteil des kalkulatorischen Inhabergehaltes an den Gesamtkosten des Büros ist der Zeile 3 zu entnehmen.
    - Beim Büro 111 (Bürogröße 7) steigt dieser Anteil von 15,16 % über 18,26 % bis auf 21,14 %.
    - Beim Büro 222 (Bürogröße 19) liegt der prozentuale Anteil dagegen nur zwischen 7,11 % und 9,68 %.
    - Beim Büro 333 (Bürogröße 100) ist die Wirkung der Steigerung des kalkulatorischen Inhabergehaltes noch geringer. Hier liegt der prozentuale Anteil zwischen 1,62 % und 2,67 %.

- Zeile 4 gibt den prozentualen Anteil der gesamten Personalkosten (incl. kalkul. Inhabergehalt) an den Gesamtkosten wieder.

Tabelle 13: Die Auswirkungen unterschiedlicher Inhabergehälter auf den mittleren Projektstundensatz

		BÜRO 111			BÜRO 222			BÜRO 333		
		FALL I	FALL II	FALL III	FALL I	FALL II	FALL III	FALL I	FALL II	FALL III
A	B	C	D	E	F	G	H	I	K	L
1	Kalkulatorisches Inhabergehalt in Tsd.DM	100	125	150	125	150	175	150	200	250
2	Prozentuale Steigerung gegenüber den Fällen I	-	25	50	-	20	40	-	33,3	66,6
3	Anteil des Inh.-Gehaltes an den Gesamtkosten in %	15,16	18,26	21,14	7,11	8,42	9,68	1,62	2,15	2,67
4	Anteil aller Personalkosten an den Gesamtkosten in %	75,59	76,48	77,31	74,43	-	-	75,48	-	-
5	Inhabergehalt in DM je Projektstunde	12,13	15,16	18,20	5,97	7,17	8,36	1,33	1,77	2,21
6	Gesamtkosten je Stunde (mittlerer Projektstundensatz)	80,-	83,03	86,07	84,-	85,19	86,39	82,-	82,45	82,89
7	Prozentuale Steigerung gegenüber den Fällen I	-	3,79	7,58	-	1,42	2,84	-	0,55	1,10
8	Steigerung in DM je Projektstunde	-	3,03	6,07	-	1,19	2,39	-	0,45	0,89

- Die Werte der Zeile 5 zeigen, um wieviel DM jede Projektstunde durch das kalkulatorische Inhabergehalt belastet wird.
  - Beim Büro 111 steigt der Anteil von 12,13 DM/h über 15,16 DM/h bis auf 18,20 DM/h.
  - Beim Büro 222 ist nur noch eine Spanne von 5,97 DM/h bis 8,36 DM/h zu berücksichtigen.
  - Beim Büro 333 nimmt der Einfluß auf den mittleren Projektstundensatz nochmals ab. Durch das Inhabergehalt wird dieser nur noch zwischen 1,62 DM/h und 2,67 DM/h belastet.

- Die Höhe der mittleren Projektstundensätze kann der Zeile 6 entnommen werden.

- Die Werte der Zeile 7 geben an, um wieviel Prozent - bezogen auf den Fall I der Büros - die mittleren Projektstundensätze durch die Erhöhung der kalkulatorischen Inhabergehälter ansteigen würden.

- Aussagefähiger sind jedoch die Werte der Zeile 8 mit den Steigerungen in DM je Projektstunde.
  - So zeigt z. B. die Spalte D, daß bei einer Anhebung des Inhabergehaltes um 25.000,- DM (entspricht in diesem Fall auch 25 %) der mittlere Projektstundensatz um 3,03 DM/h steigen würde.
  - Beim Büro 222 wirkt sich eine 20 %ige Anhebung (25.000,- DM) des Inhabergehaltes nur noch um 1,19 DM/h aus (Spalte G).
  - Beim Büro 333 nimmt der Einfluß der Erhöhung des Inhabergehaltes nochmals ab. Eine Anhebung um 50.000,- DM (entspricht einer Steigerung von 33,3 %) hätte als Ursache nur noch eine Erhöhung des mittleren Projektstundensatzes von 0,45 DM/h (Spalte K).

Diese detaillierten Berechnungen zeigen, daß die Höhe des kalkulatorischen Inhabergehaltes - insbesondere bei mittleren und größeren Büros - keinen so großen Einfluß auf die Höhe des mittleren Projektstundensatzes ausübt.

3.2 Der Einfluß der Projektstunden auf den Stundensatz und den Gemeinkostenzuschlagsatz

Die Berechnungen zur Darstellung des Einflusses des kalkulatorischen Inhabergehaltes und damit auch der Gesamtkosten des Büros im Kapitel 3.1 erfolgten alle unter der Randbedingung, daß die Anzahl der Projektstunden im Büro unverändert bleibt.

Damit bleiben nachfolgende Fragestellungen zunächst unbeantwortet:

- Welchen Einfluß übt die Anzahl der Projektstunden auf den mittleren Projektstundensatz aus?

- Welchen Einfluß üben die Anzahl der Projektstunden und die Höhe des kalkulatorischen Inhabergehaltes auf die Höhe des Gemeinkostenzuschlagsatzes aus?

- Welche Wirkungen hat eine Erhöhung der Gesamt- bzw. Projektstunden des Inhabers (Samstagsarbeit usw.) auf die Höhe des mittleren Projektstundensatzes und des Gemeinkostenzuschlagsatzes?

- Welche Wirkung auf den mittleren Projektstundensatz und den Gemeinkostenzuschlagsatz ist zu erkennen, wenn die kaufmännischen Mitarbeiter zum Teil gewisse Leistungen bzw. Zuarbeit bei einzelnen Leistungsphasen der HOAI erbringen und damit ebenfalls für Projektstunden "sorgen"?

Diese Sachverhalte sind anhand des Modellbüros 111 zu erläutern.

Tabelle 14 zeigt, daß zur Beantwortung dieser Fragestellungen sechs unterschiedliche Fälle zu bearbeiten sind.
Bei den Fällen I und II können unmittelbare Beziehungen zur Tabelle 13 hergestellt werden, da die in den Spalten C und D der Tabelle 13 angesprochenen Fälle identische Randbedingungen verzeichnen.

Nachfolgende Zusammenstellung zeigt, welche Randbedingungen den jeweiligen Fällen zugrunde liegen:

Fall II: Erhöhung des kalkulatorischen Inhabergehaltes um 25.000,- DM.

Fall IV: Verringerung des kalkulatorischen Inhabergehaltes um 25 % auf 75.000,- DM bezogen auf die Werte des Falles I.
Gleichzeitig sind vom Inhaber jedoch **weniger** Projektstunden zu erwarten. Die Projektstunden des Inhabers verringern sich von 1.044 h auf 732 h, also um 312 h.

Fall V: Das kalkulatorische Inhabergehalt wird wiederum um 25 % auf 125.000,- DM erhöht. Der Inhaber glaubt jedoch, daß diese Höhe nur dann gerechtfertigt ist, wenn er durch Samstagsarbeit bzw. einen 10-Stunden-Tag seine Gesamtstunden und damit auch die Anzahl der Projektstunden erhöhen kann. In Zahlen ausgedrückt: Die Anzahl der Gesamtstunden steigt von 2.088 auf 2.714 und die Anzahl der Projektstunden von 1.044 auf 1.357.

Fall VI: Verringerung der Anzahl der Projektstunden bei den technischen Mitarbeitern. Hierbei wird davon ausgegangen, daß diesen Mitarbeitern ein weiterer Urlaubstag gewährt wird. Gegenüber den Werten des Falles I stehen damit 40 Projektstunden (5 x 8 h = 40 h) weniger zur Verfügung.

Fall VII: Für den/die kaufmännische(n) Mitarbeiter(in) können 261 Projektstunden verbucht werden.

Den Zeilen 1 bis 11 der Tabelle 14 sind die Randbedingungen und die Ergebnisse dieser sechs Fälle zu entnehmen.

Die Wertung dieser Ergebnisse erstreckt sich jedoch nur auf das interessante Zahlenwerk der Zeilen 10 und 11, nämlich:

-   Veränderung des mittleren Projektstundensatzes des Büros

-   Veränderungen des Gemeinkostenzuschlagsatzes (GKZ)

Tabelle 14: Die Auswirkungen alternativer kalkulatorischer Inhabergehälter und veränderter Projektstunden auf den mittleren Projektstundensatz und den Gemeinkostenzuschlagsatz - dargestellt am Beispiel des Büros 111

		FALL I	FALL II	FALL IV	FALL V	FALL VI	FALL VII
A	B	C	D	E	F	G	H
1	Gesamtkosten (in DM)	659.533,–	684.533,-	634.533,-	684.533,-	659.533,-	659.533,-
2	Kalkulatorisches Inhabergehalt (in DM)	100.000,-	125.000,-	75.000,-	125.000,-	100.000,-	100.000,-
3	Inhabergehalt in DM je Projektstunde	12,13	15,16	9,46	14,61	12,19	11,76
4	Anzahl der Projektstunden des Inhabers	1.044	1.044	732	1.357	1.044	1.044
5	Faktor INH: Prozentualer Anteil seiner Projektstunden an seinen Gesamtstunden	0,5000	0,5000	0,3506	0,5000	0,5000	0,5000
6	Faktor TM: Prozentualer Anteil der Projektstunden an den Gesamtstunden	0,6897	0,6897	0,6897	0,6897	0,6857	0,6897
7	Faktor KM: Prozentualer Anteil der Projektstunden an den Gesamtstunden	0,0000	0,0000	0,0000	0,0000	0,0000	0,1250
8	Summe der Personalkosten in DM je (aller) Projektstunden	60,47	63,50	59,70	61,18	60,77	58,62
9	Summe der Sachkosten in DM je (aller) Projektstunden	19,53	19,53	20,30	18,82	19,63	18,93
10	"Mittlerer" Projektstundensatz des Büros / DM je Projektstunde	80,-	83,03	80,-	80,-	80,40	77,55
11	Gemeinkostenzuschlagssatz (GKZ)	168,43	165,11	185,83	165,11	169,64	162,26

Nimmt man das Zahlenwerk des Falles I jeweils als Bezugsbasis, so sind nachfolgende wichtige Veränderungen zu beachten:

Fall II: Eine Erhöhung des kalkulatorischen Inhabergehaltes um 25.000,- DM bewirkt zwar eine Steigerung des mittleren Projektstundensatzes auf 83,03 DM/h, gleichzeitig sinkt jedoch der GKZ von 168,43 % auf 165,11 %.

Fall IV: Auch hier ist ein mittlerer Projektstundensatz von 80,- DM zu berücksichtigen. Damit wird deutlich, daß eine Verringerung der Projektstunden beim Inhaber um 312 Stunden auf den mittleren Projektstundensatz genauso wirkt wie eine Verringerung des kalkulatorischen Inhabergehaltes um 25.000,- DM.

Obwohl der mittlere Projektstundensatz unverändert bleibt, tritt eine Erhöhung des Gemeinkostenzuschlagsatzes von 168,43 auf 185,83 ein. Damit wird deutlich, daß identische mittlere Projektstundensätze völlig unterschiedliche Gemeinkostenzuschlagsätze ergeben können.

Fall V: Die Erhöhung des kalkulatorischen Inhabergehaltes um 25.000,- DM, bei gleichzeitiger Anhebung der Gesamtstunden des Inhabers um 30 % auf 2.714 Stunden und einer Verbuchung von 1.357 Projektstunden (50 % der Gesamtstunden), bewirkt **keine** Veränderung des mittleren Projektstundensatzes, der GKZ sinkt jedoch auf 165,11.

Fall IV: Ein weiterer Urlaubstag der technischen Mitarbeiter bewirkt eine Erhöhung des mittleren Projektstundensatzes von 0,40 DM/h auf 80,40 DM/h, gleichzeitig steigt der GKZ auf 169,64.

Fall VII: Die 261 Projektstunden des/der kaufmännischen Mitarbeiters(in) bewirken eine Verringerung des mittleren Projektstundensatzes um 2,45 DM/h auf 77,55 DM/h, gleichzeitig sinkt der GKZ auf 162,26.

Das Zahlenwerk der Tabelle 14 zeigt recht deutlich, daß identische Stundensätze auf völlig unterschiedlichen Rahmenbedingungen des Büros beruhen können, und in welcher Größenordnung sich Veränderungen des kalkulatorischen Inhabergehaltes und der Anzahl der Projektstunden auf die Höhe des mittleren Projektstundensatzes und des Gemeinkostenzuschlagsatzes auswirken.

3.3 Der Einfluß des Einsatzes von freien Mitarbeitern und/oder CoBüros auf den Gemeinkostenzuschlagsatz

In dem Buch Pfarr: Trends, Fehlentwicklungen und Delikte in der Bauwirtschaft, Springer Verlag Berlin, Heidelberg, New York, London, Paris, Tokyo 1988 haben wir auf den Seiten 85 ff. die zunehmende Subunternehmerkette bei den bauausführenden Betrieben beschrieben. Im Bereich der Planungsbüros macht sich unter dem Druck der fixen Kosten eine ähnliche Entwicklung bemerkbar.

Was von den Reedern mit der Einführung eines zweiten Schiffahrtsregisters erst jetzt eingeführt wurde, läuft seit ca. 10 Jahren mit den sog. freien Mitarbeitern. Wie wir aus Bild 37 entnehmen können, sind die Anpassungsmöglichkeiten an veränderte Nachfrage- und Angebotsverhältnisse gering.

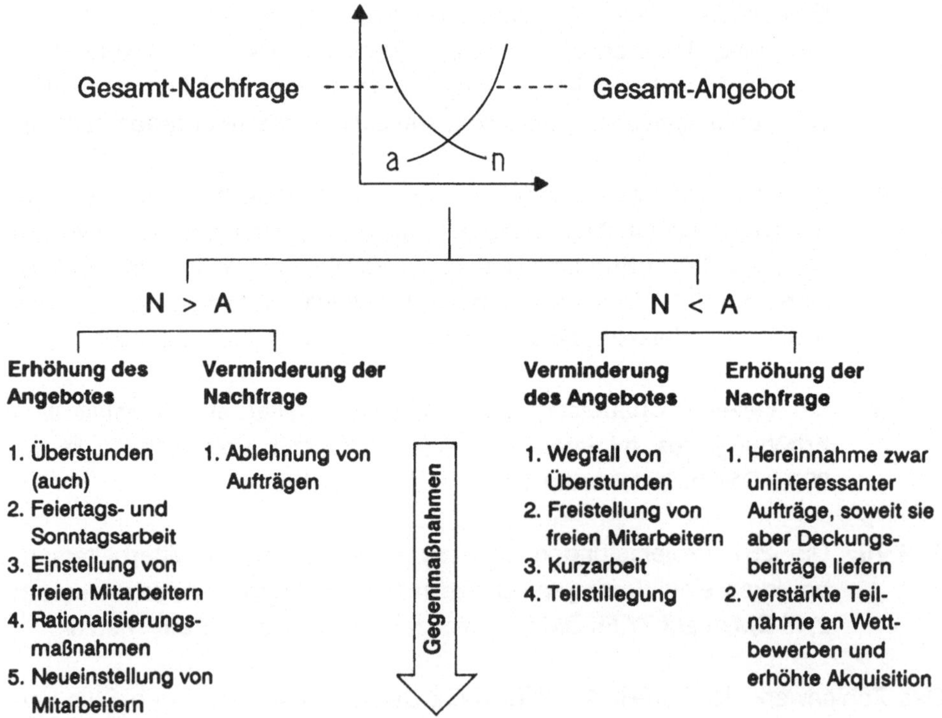

Bild 37: Gegenmaßnahmen zur Anpassung an veränderte Nachfrage- und Angebotsbeziehungen

Die Gegenmaßnahmen wurden nach zunehmender Langfristigkeit geordnet. Die häufigste Art, auf Beschäftigungsschwankungen zu reagieren, ist die Einstellung von freien Mitarbeitern.

An zwei unterschiedlichen Modellrechnungen sollen daher die Auswirkungen des Einsatzes von freien Mitarbeitern und die Neueinstellung von Mitarbeitern auf den Gemeinkostenzuschlagsatz dargestellt werden. Ausgangsbasis ist wiederum das **Büro 111** mit einer Bürogröße von 7 Mitarbeitern (vgl. hierzu auch Bild 23). Die jeweiligen Veränderungen sind der nachfolgenden Tabelle 15 zu entnehmen.

Büro 111: Ausgangssituation

- 1 Inhaber
- 5 Technische Mitarbeiter
- 1 Kaufmännischer Mitarbeiter

Fall I: In diesem Fall werden dem Büro 3 technische und 1/2 kaufmännischer freier Mitarbeiter angegliedert.
- Die Veränderungen bei den Kostenarten sind der Spalte E zu entnehmen.
- Die Spalten F und G geben die Verteilung auf Einzel- und Gemeinkosten wieder.
- Die Gesamtkosten steigen um 38 %.
- Die Kapazität steigt um 50 %.
- Der GKZ fällt von 168,43 auf 108,86.

Fall II: In diesem Fall wird das Büro um die 3 1/2 Mitarbeiter aufgestockt, die eine feste Anstellung erhalten.
- Das Gesamtkostenvolumen bleibt auf 910.000,- DM beschränkt.
- Der GKZ sinkt von 168,43 auf 166,23.
- Bei diesem Fall muß jedoch beachtet werden, daß das Büro von diesem neuen Niveau bei einer Betriebseinschränkung nicht so leicht herunterkommt wie im Fall I.

Tabelle 15:   Der Einfluß des Einsatzes von freien Mitarbeitern und Neueinstellungen auf den Gemeinkostenzuschlagsatz

		Büro 111: Ausgangssituation			Fall I: Freie Mitarbeiter			Fall II: Neueinstellung		
Faktor INH		0,5000			0,4000			0,4000		
Faktor TM		0,6897			0,6897			0,6897		
Faktor KM		0,0000			0,0000			0,0000		
		Kosten je Jahr	Einzel-kosten	Gemein-kosten	Kosten je Jahr	Einzel-kosten	Gemein-kosten	Kosten je Jahr	Einzel-kosten	Gemein-kosten
	A	B	C	D	E	F	G	H	I	K
1	Kalk. Inhabergehalt	100.000	50.000	50.000	100.000	40.000	60.000	100.000	40.000	60.000
2	Gehälter: Techn. Mitarbeiter	283.750	195.702	88.048	283.750	195.702	88.048	437.605	301.816	135.789
3	Gehälter: Kaufm. Mitarbeiter	46.250	-	46.250	46.250	-	46.250	69.375	-	69.375
4	Auszubildende	11.350	-	11.350	11.350	-	11.350	11.350	-	11.350
5	Sozialaufwand	57.175	-	57.175	57.175	-	57.175	91.470	-	91.470
6	Freie Mitarbeiter	-	-	-	225.000	200.000	25.000	-	-	-
7	Summe Personalkosten	498.525	-	-	723.525	-	-	709.800	-	-
8	Summe Sachkosten	161.008	-	161.008	186.475	-	186.475	200.200	-	200.200
9	Gesamt(Kosten)	659.533	245.702	413.831	910.000	435.702	474.298	910.000	341.816	568.184
10	Gemeinkostenzuschlagsatz			168,43			108,86			166,23

3.4 Gemeinkosten-Wert-Analyse und die Frage: Was kostet die Ingenieurstunde bei firmeneigenen und öffentlichen Planungsbetrieben?

Zu den obersten Prinzipien unseres Wirtschaftssystems gehört der Wettbewerb. Wettbewerb entsteht, wenn mehrere Personen oder auch Personengruppen sich an der Durchführung bestimmter Aufgaben beteiligen oder sich um die Mitarbeit bewerben möchten. Da die eigene Leistung an der der anderen gemessen wird, ist man versucht, sich nicht nur gegenüber anderen zu behaupten, sondern man wird bestrebt sein, die anderen zu übertreffen oder gar zu verdrängen. Ist der Wettbewerb echt und frei, so findet eine Auslese dahingehend statt,

welche Funktionen (im Sinne von Aufgabenerfüllen)

welchen Personen oder Institutionen

wo und

wann zugewiesen werden.

So kann man es einem Auftraggeber, der über eine eigene Planungsabteilung verfügt, nicht übelnehmen, wenn er aus dem gesamten Leistungsbild solche Leistungen abspaltet (vgl. Bild 38 und 40).

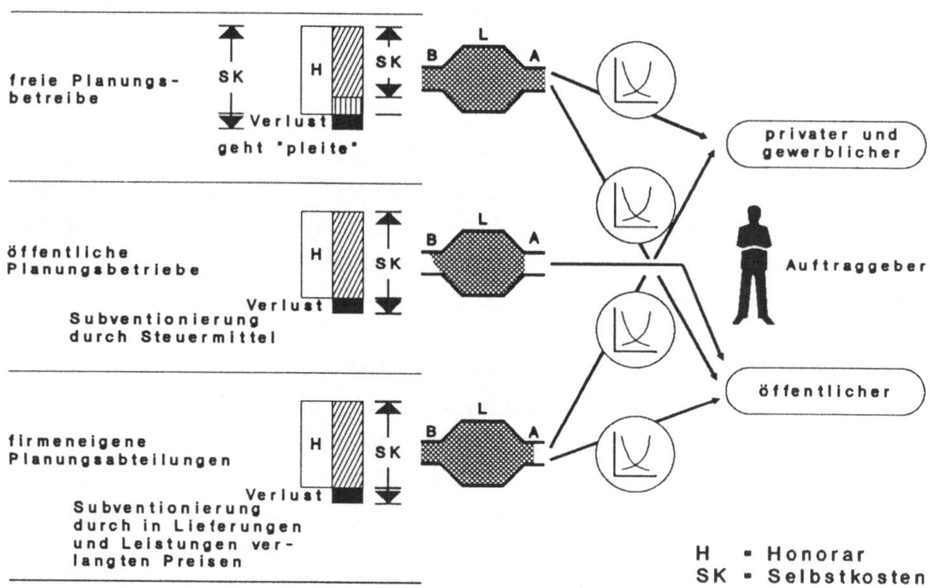

Bild 38:   Honorar-Selbstkostenrelation bei unterschiedlichen Planungsbetrieben

Dabei ist die Belastung durch die drei Grundfunktionen Beschaffung, Leistungserstellung sowie Absatz für die drei Betriebsarten recht unterschiedlich, wenn man sich die Teile und Unterfunktionen vor Augen führt (vgl. Bild 39).

Funktionen	**B** der Beschaffung	**L** der Leistungs- erstellung	**A** des Absatzes (Auftragsbeschaffung)
1 vorbereitende Maßnahmen	B/1 Erkundung von Bezugsmöglichkeiten	L/1 Planung der Planung	A/1 Marktforschung
2 Durchführung	B/2 Bestellen und Überwachen	L/2 Erbringung der Leistungen nach HOAI	A/2 Beteiligung an Wettbewerben
3 ergänzende Maßnahmen	B/3 Rechnungs- prüfung	L/3 Kontrolle und Nacharbeiten	A/3 Pflege der Beziehungen

Bild 39:   Ausprägung der Teilfunktionen

Gliedert man den Personalsektor - also die Personalbeschaffung - aus, so ist der eigentliche Bereich der Beschaffung, z. B. die Deckung des laufenden Bedarfs an Zeichenmaterial oder der Erwerb von Bürogeräten, ziemlich klein. Aber selbst die Personalbeschaffung verursacht bei den öffentlichen Planungsbetrieben geringere Kosten, so daß wir diese in Bild 38 "verstümmelt" gezeichnet haben.
Die Absatzfunktion ist bei öffentlichen Planungsbetrieben überhaupt nicht vorhanden, bei firmeneigenen Planungsabteilungen für andere Aufgaben ausgeprägt, während sie bei den freien Planungsbüros eine bedeutsame Rolle spielt, vor allem A/2 in bezug auf öffentliche Auftraggeber, man denke an die Beteiligung bei Wettbewerben. Wir sehen also recht überzeugend, daß, wenn die Ausübung bestimmter Funktionen entfällt, dies für den jeweiligen Betrieb eine geringe Kostenbelastung darstellt, denn Kosten sind nun einmal der entgeltliche Ausdruck aufgewendeter Mühe bei der jeweiligen Funktionsausübung.
Neben den firmeneigenen Planungsabteilungen, wie sie häufig als sogenannte schlüsselfertige Abteilungen von großen Baufirmen gehalten werden, müssen

jene Planungsabteilungen betrachtet werden, wie sie große gewerbliche Auftraggeber sich halten, häufig in Verbindung mit ihrer Bauherrnfunktion.

Bei der Wirtschaftlichkeitsanalyse konnten die Verfasser feststellen, daß diese hinsichtlich Kostenniveau und Kostenstruktur mit den freien Büros zwar nicht mithalten können, daß aber bei den eigentlichen Ergebnissen (output = Bauleistung) erheblich geringere Baukosten zu verzeichnen sind. 20 % höhere Planungskosten und 10 - 15 % niedrigere durchschnittliche Baukosten, das rechnet sich wieder. Da häufig solche Bauherrn auch noch im high-tech-Bereich tätig sind und Geheimhaltungsgründe vor allem in der Planungsphase von größter Bedeutung sind, ist die unternehmerische Entscheidung, solche Planungsabteilungen zu halten, verständlich. Vor allem kommt es nicht selten zu einer sinnvollen Verquickung von Bauherrnleistung und § 15, die der Qualitäts-, Zeit- und Kostenkomponente in optimaler Weise gerecht wird.

LPH nach HOAI		%	erforderliche Leistungs-breite um Kostensicherheit, Termintreue und Qualitäts-standard zu sichern 20 40 60 80 100 % 10 30 50 70 90	durch Co-Büros ersetzbar	nicht ersetzbar
1	Grundlagenermittlung	3			
2	Vorplanung	3			
3	Entwurfsplanung	11			
4	Genehmigungsplanung	6			
5	Ausführungsplanung	25			
6	Vorbereitung der Vergabe	10			
7	Mitwirkung bei der Vergabe	4			
8	Objektüberwachung	31			
9	Objektüberwachung und Dokumentation	3			

Bild 40:   Leistungshöhe und -breite unter dem Aspekt der "Ersetzbarkeit"

So kann man es einem Auftraggeber, der über eine eigene Planungsabteilung verfügt, nicht übelnehmen, wenn er aus dem gesamten Leistungsbild solche Leistungen abspaltet (vgl. Bild 40), von denen er glaubt, daß sie durch Co-Büros ersetzbar sind und man sich auf die Leistungsbreite beschränkt, die der Kostensicherheit, Termintreue und dem Qualitätsstandard dienen. Das es dabei trotzdem zu einer fairen Honorarvereinbarung kommen sollte, die die Anbindungskosten des Co-Büros berücksichtigt, versteht sich von selbst.

Während solche gewerblichen Auftraggeber meistens gut rechnen können - sie sind über ihre Stärken und Schwächen durch ein ausgebautes Rechnungswesen hervorragend informiert -, gibt es bei den öffentlichen Auftraggebern häufig beachtliche Verständigungslücken. Schuld daran sind nicht die einzelnen Beamten, sondern die, die es versäumen, ihnen die Kosten ihres Arbeitsplatzes vorzurechnen. Ein Schema, auf das sich alle sehr rasch einigen könnten, finden wir in Bild 41. Jede Bauabteilung, die guten Willens ist, kann sich das rasch vor Augen führen.

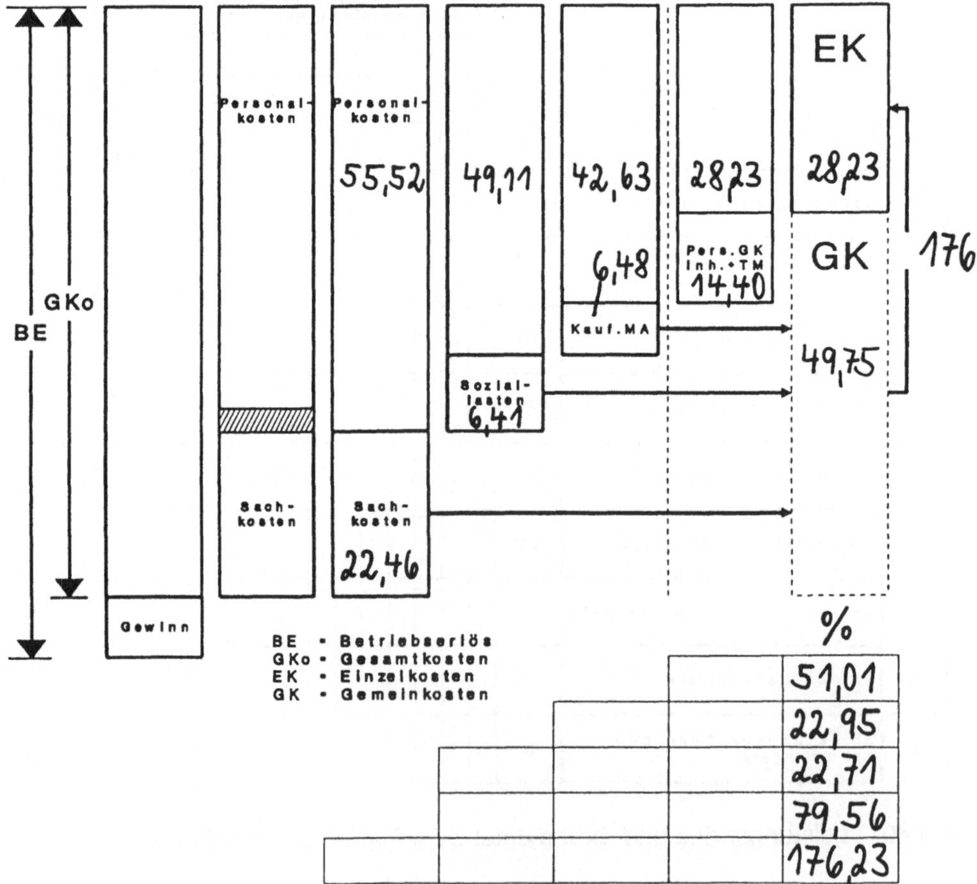

Bild 41:   Bezugsgrößenhierarchie mit abgestuften Zuschlägen

In einem ersten Schritt kann er prüfen, sind die Sachkosten geringer?
Nehmen wir das Bild 42 zur Hand, wo wir die Spannen in einzelnen Kostenarten des Sachkostenbereiches aufgetragen haben, so ist es sehr unwahr-
scheinlich, daß solche Werte unterschritten werden.

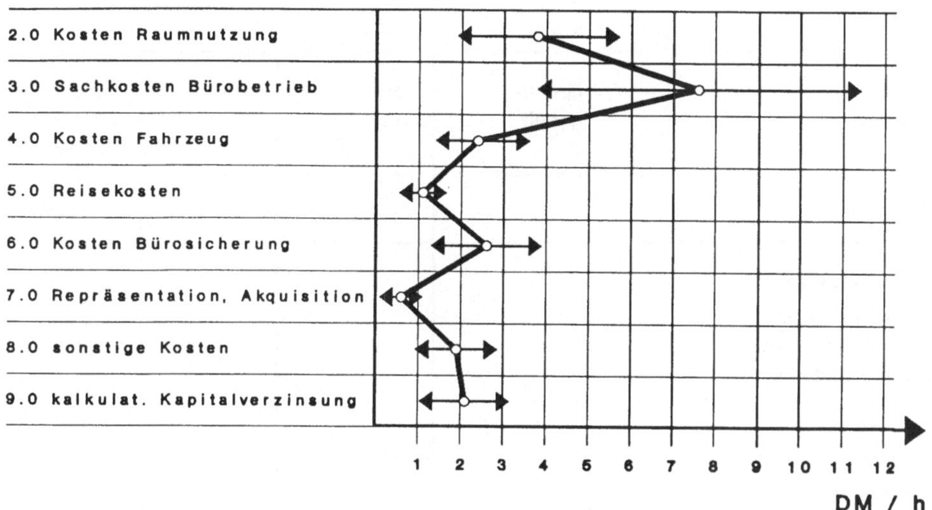

Bild 42: Die Spannen der einzelnen Kostenarten aus dem Sachkostenbereich

- In einem zweiten Schritt kann man die Höhe der Soziallasten untersuchen
  (vgl. Bild 41).

- In einem dritten Schritt den Anteil der kaufmännischen Mitarbeiter.

- In einem vierten Schritt den Block personenbezogener Gemeinkosten der
  Inhaber und technischen Mitarbeiter.

Addiert man schließlich alle Gemeinkostenarten auf und setzt sie zu den
Einzelkosten in Beziehung, ergibt sich z.B. ein GKZ von 176.
Dieser entspricht einem Gemeinkostenfaktor von 276. Bezieht man diesen auf
2.088 Stunden, so ergibt sich daraus ein Promillewert von

$$\frac{2.760}{2.088} = 1,32‰$$

Damit kann also das Gehalt des einzelnen am Planungs- und Bauprozeß beteiligten Beamten in einen Stundensatz umgerechnet werden, und man kann ablesen, was dieser ohne Wagnis und Gewinn und ohne Mehrwertsteuer kosten würde.

Tabelle 16:   Umrechnung von Gehältern in Stundensätze

Beispiel Bund und Länder	Grund- gehalt	Ortszu- schlag	Gehalt	Stunden- satz z.B. 1,32 ‰
1	2	3	4	5
A 11: Bauamtmann, verheiratet, 1 Kind 1980 = 35 Jahre alt 1988 = 43 Jahre alt 1. Jan. 1987	3231,06	917,36	4148,42	71,00
A 13: Oberamtsrat, verheiratet, 1 Kind 1980 = 35 Jahre alt 1988 = 43 Jahre alt 1. Jan. 1987	4039,39	999,70	5039,09	86,00
A 16: Baudirektor, 2 Kinder 1980 = 45 Jahre alt 1988 = 53 Jahre alt 1. Jan. 1987	6490,73	119,44	7610,17	130,00

4 Was kosten Planungsleistungen nach "Tafel"- Honorar ?

Nach § 2 (2) HOAI umfassen Grundleistungen die Leistungen, die zur ordnungsgemäßen Erfüllung eines Auftrags im allgemeinen erforderlich sind.
Noch klarer werden die Grundleistungen im sog. Pfarr-Gutachten definiert:

"Grundleistungen sind Tätigkeiten, die allgemein beim Planungs- und Bauüberwachungsprozeß vorgenommen werden müssen und nicht herausgenommen werden können, ohne diesen empfindlich zu stören."

Sachlich zusammengehörige Grundleistungen sind zu jeweils in sich abgeschlossenen Leistungsphasen zusammengefaßt. Die Grundleistungen jeder Leistungsphase führen zu einem Ergebnis, das als Entscheidungsgrundlage für eine Entscheidungsfindung dient. Die Honorierung der Leistungsphasen bezieht sich auf das Ergebnis. Das Ergebnis ist die Leistung, die der Auftraggeber benötigt.
Die aufgezählten Grundleistungen stellen **einen** Faktor dar, um den Aufwand der Leistungserstellung zu umschreiben.
Die Honorierung dieser Leistungen sind bestimmten Honorartafeln (§§ 16, 56, 65, 74, 83, 94, 99) zu entnehmen. Wir hatten in Bild 17 schon die Gewinnentstehung in einem Planungsbüro vorgeführt, nämlich daß die Honorarerlöse der einzelnen Objekte zunächst in einen Topf fließen, daß von diesen Honorarerlösen dann die beschäftigungsvariablen Kosten abzuspalten sind, und die verbleibenden Deckungsbeiträge erst das Becken mit den fixen Kosten (Bereitschaftskosten) auffüllen müßten und von da ab erst etwas in das Gewinnbecken abfließen könnte.
Wenn die Wirtschaftlichkeit des Planungsbüros als Vorstufe der Einkommenserzielung unter die Lupe genommen wird, findet häufig eine einseitige Schuldzuweisung in Richtung der HOAI statt (vgl. Bild 43).

Bild 43:   Eindimensionale Betrachtungsweise der HOAI

Nicht alle Betroffenen haben bis heute erkannt, daß es sich um ein vernetztes System handelt (vgl. Bild 44).

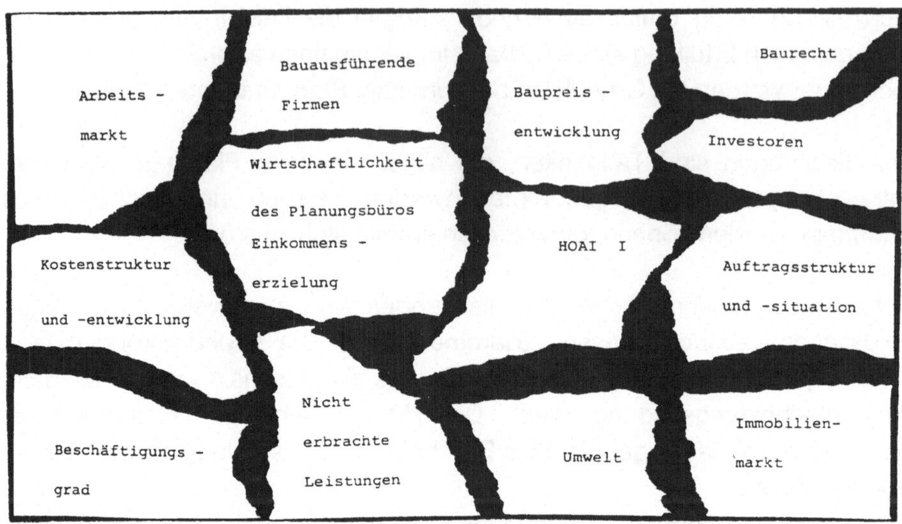

Bild 44:   Vernetzte Betrachtung der HOAI

Nehmen wir nämlich das vernetzte System zu Hilfe, so erkennen wir sofort die vielfältigen Einflüsse, die auf die Wirtschaftlichkeit des Planungsbüros einwirken können. Die verschiedenen Einflüsse können sich gegenseitig neutralisieren oder aber auch "aufschaukeln". Sie exakt immer auseinanderzurechnen, fällt selbst dem erfahrenen Fachmann nicht leicht. Trotzdem gibt es ein Verfahren, die Auskömmlichkeit der Tafel-Honorare zu überprüfen, nämlich mit Hilfe der sog. Honorardeckungsstunde. Man geht also von dem erwarteten Honorar aus, zieht davon einen Plangewinn ab, dividiert den Rest durch die mittlere Gehaltsstunde und erhält damit die Zahl der produktiven Stunden, die für die Durchführung der Planungsleistungen zur Verfügung steht.

4.1 Tafel-Honorar und die sog. Honorardeckungs-Stunde

Wir wollen unser Beispiel im Bereich des Planens und Bauens im Bestand ansiedeln. Das Bauvolumen hat in diesem Bereich einen Anteil von mehr als 50 % erreicht. Es haben sich also seit dem Inkraftsetzen der HOAI die Anteile zwischen der Planung von Neubauten und der Planung von Maßnahmen im Bestand entscheidend verändert.

In der gültigen Fassung der HOAI (Stand 4.88) gibt es keine gesonderten Leistungsbilder für die Maßnahmen an bestehenden Bauwerken und Anlagen. Die Honorierung erfolgt auf der Grundlage der vorgenannten Honorartafeln und von Zuschlägen (§§ 24, 27, 59, 60, 66 (4), 76), die vereinbart werden können. Mit diesen Zuschlägen soll der bisherige Aufwand bei der Leistungserstellung gegenüber Neuplanungen ausgeglichen werden. Wie Untersuchungen zeigen, wird dieses Ziel in der Mehrzahl der Fälle nicht erreicht.

Die Heranziehung des Wertes der technisch oder gestalterisch mitverarbeiteten Bausubstanz bei den anrechenbaren Kosten nach **§ 10 (3a)** hat die Honorierung von Planungsleistungen in diesem Bereich komplizierter gemacht.

Es ist unsere Überzeugung, daß das Planen und Bauen im Bestand sowohl eine andere Proportionierung der Leistungsphasen untereinander als auch eine veränderte Honorierung der Leistungen erfordert.

Beispiel: Planen und Bauen im Bestand

Zur Sanierung steht ein Gebäude an, das aus der 2. Hälfte des 19. Jahrhunderts stammt und in sehr schlechtem Zustand ist. Da über Jahrzehnte keine Bauunterhaltung vorgenommen wurde, muß es von Grund auf saniert werden. Neben dem Unterfangen der Fundamente soll das Gebäude (EG Gaststätte, OG kleine Wohnungen) zeitgemäß technisch ausgestattet werden.

Bezugsgrößen:	650 m^2	Wohnfläche
	175 m^2	gewerbliche Nutzfläche
	35 m^2	Nebennutzfläche
	4.900 m^3	BRI

Anrechenbare Kosten:	1.720.000,- DM

Nach Honorarzone III ergeben sich:

Mindestsatz	118.638,- DM
Höchstsatz	149.424,- DM

Der Bauherr möchte auf der Basis Honorarzone III (Mittelsatz) abschließen und bewilligt einen Umbauzuschlag von 33 %, das sind:

$$134.031,- \text{DM}$$
$$+ \quad \underline{44.230,- \text{DM}}$$
$$178.261,- \text{DM}$$

Zieht man davon einen Plangewinn von 5 % ab, so verbleiben 169.348,- DM.

Teilt man diesen Betrag durch die sog. mittlere Gehaltsstunde, die für das Büro bei 78,- DM liegt, so verbleiben für die Durchführung

$$2.171 \text{ Stunden.}$$

Das Architekturbüro bringt einen langjährigen Erfahrungsschatz auf dem Gebiet der Sanierung mit und macht auch entsprechende Stundenaufzeichnungen. Bei vergleichbaren Bauvorhaben haben sich Durchschnittswerte von 0,60 h/m^3 einschließlich Bestandsaufnahme ergeben. Bei 4.900 m^3 BRI ergeben sich damit Sollstunden von **4.900 m^3 x 0,60 h/m^3 = 2.940 Stunden**, die sich wie folgt verteilen (vgl. Spalten F und G der Tabelle 17):

Tabelle 17:   Soll-Ist-Stundenvergleich

	LPH Nr.	LPH %	"Soll" Stunden	"Soll" Stunden Kumuliert	"Ist" Stunden Kumuliert	"IST" Stunden
A	B	C	D	E	F	G
1	1	3	65	65	324	324
2 3 4	2 3 4	7 11 6	521	586	647	323
5	5	25	543	1.129	1.176	529
6 7	6 7	10 4	304	1.433	1.617	441
8	8	31	673	2.106	2.793	1.176
9	9	3	65	2.171	2.940	147
10		100	**2.171**			**2.940**

Bei der Leistungsphase 5 hat das Büro seine Honorardeckungsstunden in etwa verbraucht. Für die restlichen Leistungsphasen 6, 7, 8 und 9 muß es sich die Deckung aus ergiebigen anderen Objekten holen, wenn solche überhaupt vorhanden sind. Auch der Verzicht auf den Plangewinn hilft nicht viel weiter. Er müßte in eine höhere Honorarzone aufsteigen können, da aber ist der Verordnungstext dagegen.

Mit der Anbindung des Objektes an die jeweilige Honorarzone aus dem Neubaubereich hat der Schwierigkeitsgrad der Baumaßnahme im Bestand überhaupt nichts zu tun. Es sind ganz andere Merkmalsausprägungen, die relevant sind (vgl. Bild 45).

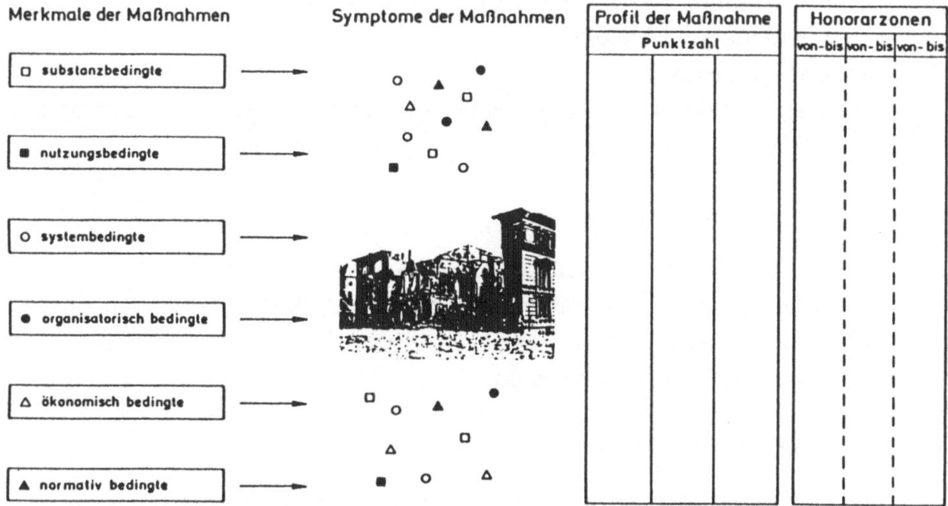

Bild 45: Merkmalsausprägungen definieren Schwierigkeitsgrad

Untermerkmale dieser 6 Merkmalsgruppen sind z. B.:

- **Substanzbedingte Merkmale**

  - Schäden der Bausubstanz
  - Einfluß des Alters der Bausubstanz auf die Maßnahme
  - Einfluß der Häufigkeit und des Ausmaßes von Änderungen der Bausubstanz während ihrer Lebensdauer

- **Systembedingte Merkmale**

  - Schwierigkeitsgrad der planerischen Anforderungen an die Bausubstanz (aus heutiger Sicht)
  - Gestaltungs- und funktionsgerechte Wiederverwendung alter Bauteile
  - Grad der Verknüpfung der neuen Maßnahmen mit der alten Bausubstanz
  - Erhaltung und Verbesserung des Sollzustandes sowie mögliche Anpassung an heutige Anforderungen

- **Organisatorisch bedingte Merkmale**

  - aufbauorganisatorisch
    - Anzahl und Erfahrungspotential der beteiligten Institutionen am Planungs- und Bauprozeß
    - Einschaltung bestimmter Institutionen (ohne Interesse am rationellen Planungs- und Bauablauf)
  - ablauforganisatorisch
    - Terminbindung und mögliche Unterbrechung bzw. Planen und Bauen bei laufendem Betrieb

- **Ökonomisch bedingte Merkmale**

  - Unter Abwicklung besonderer Förderungsmaßnahmen
  - Einhaltung eines bestimmten Kostenrahmens für die einmaligen Kosten als Rahmenbedingungen
  - Minimierung der Betriebskosten

- **Nutzungsbedingte Merkmale**

  - Grad der Veränderung der Nutzung der alten Bausubstanz
  - Planen und Bauen bei laufender Nutzung

- **Normativ bedingte Merkmale**

  - Abstimmen auf neue Normen und Richtlinien und deren systemgerechte Anwendung
  - Erfüllung neuer Auflagen des Gesetzgebers (z. B. Energieverbrauch, Reinheit, Sterilität, Umweltverträglichkeit, Sicherheit).

4.2 Honorareffizienzverluste

Die Anbindung der Honorare an die anrechenbaren Kosten, der degressive Verlauf der Honorarkurven und die Tatsache, daß die Bürokosten immer steiler ansteigen werden als die Baukosten, bedingt eine "Verschiebung des Koordinatensystems".
In gewissen zeitlichen Abständen ist also systembedingt eine Anpassung der Honorare erforderlich. Wie kann diese erfolgen? Vier mögliche Alternativen bieten sich an (vgl. Bild .46).

System:			Kostenanalyse der Jahre 1972 - 1988
I		Prozentuale Erhöhung	
II	Honorar-	über Nachkalkulationswerte	
III	effizienz-	über Honorardeckungsstunden	
IV	berechnungen	über mathematische Modellrechnungen	

Bild 46:   Grundschema für die Anpassung der Honorartafeln

Fall I: Prozentuale Erhöhung

Diese Alternative kommt ohne jede wissenschaftliche Untersuchung aus. Die Architekten und Ingenieure fordern x % mehr, das BMWi bietet y %, und bei politischer Unterstützung kommt wie bei einem Tarifabschluß $\frac{x+y}{2}$ heraus.

Da über einen Zeitraum von 12 - 15 Jahren mehr als zweistellige Zahlen herauskommen, wird sich kein Politiker finden, der sich beim jetzigen Verteilungskampf für eine Honorarerhöhung "aus dem Fenster lehnen" wird.
Außerdem kann es passieren, daß dabei gedanklich Anpassung mit Honorarerhöhung verwechselt wird und damit berechtigte Ansprüche aus Systemanpassung mit überzogenen Honorarforderungen verwechselt werden.

Die drei anderen Alternativen sind echte Honorareffizienzberechnungen, d. h. man versucht rechnerisch "anrechenbare Kosten", Degression und Bürokostensteigerung in die Überlegungen einzubeziehen.

Fall II: Honorareffizienzberechnung über Nachkalkulationswerte

Dies wäre die eindrucksvollste Nachweisart. Voraussetzung wäre, daß die Büros genügend Nachkalkulationswerte in den letzten zehn Jahren angesammelt haben. Diese Daten würden nach Objektbereichen aufgegliedert und Auftragsgrößen sortiert in ein Koordinatensystem eingetragen und unter Berücksichtigung eines für 1989 gültigen Stundensatzes hochgerechnet. Der Vergleich mit dem notwendigen Honorar und dem bisherigen Tafelhonorar ergäbe die prozentuale Erhöhung.
Lägen darüber hinaus Nachkalkulationswerte vor, die nach Leistungsphasen aufgeteilt sind, könnte auch die Proportionierung der Teilleistungen zusätzlich überprüft werden.

Fall III: Honorareffizienzberechnung über Honorardeckungsstunden

Dabei ist zu beachten, daß die HOAI 1977 auf einem Datenmaterial aus den Jahren 1972 - 1974 beruht.
Man stellt also die Frage, wieviele Stunden deckte ein Honorar damals (1973), und wieviele Stunden stehen mir 1988, also nach 15 Jahren, noch zur Verfügung. Dabei muß man mit der mittleren Projektstunde arbeiten.

Beispiel:

	1973	1988
Mittlere Projektstunde		x-fache
Kostenkennwert 3.0 in DM/m^3 BRI		y-fache
Objektgröße 25 000 m^3		
Honorardeckungsstunden		z-fache
Honorareffizienzverlust		?

So müßte man für die wichtigsten Objektbereiche, verschiedenen Honorarzonen und unterschiedlichen Objektgrößen vorgehen. Berücksichtigt man die Rationalisierungsgewinne und weitere Faktoren, so kann man das Verlustpotential grob einschätzen, das zur Diskussion steht.

Fall IV: Honorareffizienzberechnungen über mathematische Modellrechnungen

Hier geht man von der Annahme aus, daß die Honorarkurven - wenigstens in Abschnitten - einer mathematischen Gleichung entsprechen.

$$H = a \times (AK)^b$$

H   = Honorare in DM
AK = anrechenbare Kosten
a   = Proportionalitätsfaktor
b   = Degressionskomponente.

Es würden also eine Steigerung der anrechenbaren Baukosten (amtlicher Baupreisindex) und Steigerung der Stundensätze marginal hochgerechnet. Für die Architekten und Ingenieure wäre dies ein Nachteil, da die anrechenbaren Baukosten eine geringere Steigerung gegenüber dem Verlauf der Baupreisindizes aufweisen. Die Steigerung der mittleren Projektstunde müßte man für jedes einzelne Jahr in dem Berichtszeitraum von 15 Jahren nachweisen, was auf erhebliche Probleme stoßen dürfte, weil man jahrelang nichts unternommen hat.

4.3 Exkurs: Künstlerische Oberleitung

Über ein Jahrzehnt nach dem Inkrafttreten der HOAI wird immer wieder die Frage der künstlerischen Oberleitung aufgeworfen. Manche vermuteten, daß sie auf dem Weg von Berlin nach Bonn abhandengekommen sei. Nur die Eingeweihten wissen, daß die künstlerisch hochkarätige Verhandlungsleitung der Architektenseite diese selbst aufgegeben hatte. Da alle Honorare der HOAI gegenüber der GOA erhöht worden sind, ist die künstlerische Oberleitung in den einzelnen Leistungsphasen enthalten, wie dort eben Kunst verankert ist. Wenn man den Artikel von H. Steinfort nicht gutfindet, kann man die künstlerische Oberleitung genauso wenig interpretieren, es sei denn, man will Honorarschöpfung betreiben. Diejenigen, die sich immer noch nicht damit zufriedengeben können, sollen sich einmal mit der geschichtlichen Entwicklung der künstlerischen Oberleitung beschäftigen.

Im Jahre 1901 tauchte erstmals der Begriff Oberleitung als Leistungsphase 6 auf und wurde mit 20 % bewertet. "Diese umfaßt die Vorbereitung der Ausschreibungen, den Entwurf der Verträge über Arbeiten und Lieferungen, die Verhandlungen über die Verträge mit den Lieferanten und Unternehmern bis zum Vertragsabschluß; die Bestimmung der Fristen für den Beginn, die Fort-

führung und die Fertigstellung der Bauarbeiten; die Überwachung der Bauausführung; den Schriftwechsel in den bei der Ausführung vorkommenden Verhandlungen mit Behörden und dritten Personen; die Prüfung und Feststellung
der Baurechnungen."

1920 (ebenfalls mit 20 % bewertet) heißt es unter der Leistungsphase 7:
"OBERLEITUNG DER AUSFÜHRUNG: d. h. die Ausschreibung und Vergebung
von Arbeiten und Lieferungen, die Vorbereitung von hierfür erforderlichen Ver-
trägen, die Festsetzung von Lieferfristen, die allgemeine Bauaufsicht, die üblichen Verhandlungen mit den Behörden, die Festsetzung der Abrechnungs-
summe. Die Oberleitung umfaßt nicht die Leitung der örtlichen Ausführung (vgl.
§ 43 Abs. 7)."

1923 wird unter der Leistungsphase 7 die Oberleitung mit 25 % bewertet und
hat folgenden Text: "DIE OBERLEITUNG DER AUSFÜHRUNG: d. h. die Verdingung der Arbeiten und Lieferungen, die Vorbereitung der erforderlichen
Verträge, in der Regel auf Grund allgemeiner und besonderer Vertragsbedingungen für Leistungen zu Bauzwecken nebst Festsetzung der Arbeits-
und Lieferfristen, die üblichen Verhandlungen mit den Behörden, die allgemeine Bauaufsicht, die Vorabnahme und gegebenenfalls die Abnahme der
Arbeiten und Lieferungen, die Überprüfung der Rechnungen, die Festsetzung
der Rechnungssumme und die endgültige Feststellung der Herstellungssumme
und des Ausbauverhältnisses (siehe § 18 - 20). Die Oberleitung umfaßt nicht
die Leitung der örtlichen Ausführung (s. Abschnitt IV, § 28,8)."

In den Fassungen vom 10.11.1925 und 1.7.1926 heißt es erstmals unter der Leistungsphase 7 (mit 25 % bewertet): "OBERLEITUNG: d. h. die künstlerische
Leitung, die Verdingung der Arbeiten und Lieferungen, die Vorbereitung der
erforderlichen Verträge, in der Regel auf Grund allgemeiner und besonderer
Vertragsbedingungen für Leistungen zu Bauzwecken nebst Festsetzung der
Arbeits- und Lieferfristen, die üblichen Verhandlungen mit den Behörden, die
allgemeine Beaufsichtigung der Leitung der örtlichen Ausführung, die Vorabnahme und gegebenenfalls die Abnahme der Arbeiten und Lieferungen, die
Überprüfung der Rechnungen, die Festsetzung der Rechnungssumme und die
endgültige Feststellung der Herstellungssumme und des Ausbauverhältnisses.
Die Oberleitung umfaßt nicht die Leitung der örtlichen Ausführung (Bauführung)."

In der Fassung von 1932 heißt es unter der Leistungsphase 6 (mit 30 % bewertet): "OBERLEITUNG: Künstlerische und technische Leitung, bestehend in der allgemeinen Oberaufsicht über die Ausführung. Übliche Verhandlungen mit den Behörden, Ausschreibung der Arbeiten und Lieferungen, Vorbereitung der erforderlichen Verträge, Überprüfung der Rechnungen, Festsetzung der Rechnungsbeträge sowie der endgültigen Höhe der Herstellungssumme. Die Oberleitung umfaßt nicht die Bauführung."
Die Fassung vom 15. Juli 1935 und 7. Mai 1937 bleiben in Phase 6 unverändert.

In der GOA 1942 kommt es erstmals zu einer Spaltung:
Phase 6 (15 %): "KÜNSTLERISCHE OBERLEITUNG: d. h. Überwachung der Herstellung des Werkes in künstlerischer Hinsicht."
Phase 7 (10 %): "TECHNISCHE UND GESCHÄFTLICHE OBERLEITUNG: d. h. die allgemeine Aufsicht über die technische Ausführung des Baues. Wird dem Architekten nicht die Bauführung (§ 17 Ziff. 2a) übertragen, so hat er als technischer Oberleiter nur folgende Leistungen durchzuführen: Übliche Verhandlungen während der Bauausführung mit den Behörden und mit Sonderfachleuten, technische Beratung des Bauherrn."

In der GOA 1950 heißt es unter:
Phase 6 (15 %): "KÜNSTLERISCHE OBERLEITUNG: d. h. Überwachung der Herstellung des Werkes hinsichtlich der Einzelheiten der Gestaltung."
Phase 7 (10 %): "TECHNISCHE u. GESCHÄFTLICHE OBERLEITUNG: d. h. die allgemeine Aufsicht des Baues, Vorbereitung der erforderlichen Verträge, Überprüfung der Rechnungen, Feststellung der Rechnungsbeträge sowie der endgültigen Höhe der Herstellungskosten, falls erforderlich, auch die Aufstellung eines Zeit- und Zahlungsplanes. Die Oberleitung umfaßt nicht die Bauführung (örtliche Bauaufsicht)."

Wer wird also behaupten wollen, daß die Überwachung der Gestaltungseffizienz nur zwischen 1942 und 1977 funktionierte?

5   Was kosten "Besondere Leistungen"?

Nach § 2 (3) können Besondere Leistungen (nachfolgend "BL" genannt) zu den Grundleistungen hinzu- oder an deren Stelle treten, wenn besondere Anforderungen an die Ausführung des Auftrags gestellt werden, die über die allgemeinen Leistungen hinausgehen oder diese ändern. Sie sind in den Leistungsbildern nicht abschließend aufgeführt. Die Besonderen Leistungen eines Leistungsbildes können auch in anderen Leistungsbildern oder Leistungsphasen vereinbart werden, in denen sie nicht aufgeführt sind, soweit sie dort nicht Grundleistungen darstellen.

Die "BL" sind im sogenannten Pfarr-Gutachten (Pfarr/Arlt/Hobusch, Gutachten zur Honorarordnung für Architekten, erstellt im Auftrag des Bundesministers für Wirtschaft, Berlin 1974) folgendermaßen definiert:

Besondere Leistungen "sind alle den Planungs-, Bau- und Nutzungsprozeß begleitende Überlegungen, Bereitstellung von Informationen, Tätigkeiten usw., die vom Bauherrn gefordert werden, oder von der jeweiligen Bauaufgabe her erforderlich sind, um die vorteilhafteste Alternative hinsichtlich Gestaltung, Konstruktion, Termin, Fertigung, Funktion, Betrieb, Instandhaltung, Kosten usw. zu erhalten."

5.1   Grundlagen der Honorierung von "Besonderen Leistungen" in der HOAI

Für die Honorierung von "BL", die zu beauftragten Grundleistungen hinzutreten, stellt die HOAI zwei Bedingungen:

- Die "BL" muß einen nicht unwesentlichen Arbeits- und Zeitaufwand verursachen.

- Die Erbringung der "BL" bedarf einer schriftlichen Vereinbarung.

Auf die Gründe dieser Festlegung soll hier nicht weiter eingegangen werden, da sie aus der offiziellen Begründung der Bundesregierung (amtl. Begründung BR Drucks. 270/76 S. 11f.) und den einschlägigen Kommentaren als bekannt vorausgesetzt werden können.

Wir wollen uns hier mit der Vergütung von "BL" auseinandersetzen.

Es müssen "BL", die zu beauftragten Grundleistungen hinzutreten, und "BL", die unabhängig von Grundleistungen erbracht werden, unterschieden werden.

Bei "BL", die zu Grundleistungen hinzutreten, wird im § 5 Abs. 4 S. 2 auf ein an-
gemessenes Verhältnis zum Honorar für vergleichbare Grundleistungen
verwiesen. Um dieser Forderung gerecht zu werden, müßten die in den
Leistungsbildern aufgeführten Grundleistungen der Leistungsphase, in der die
"BL" erbracht werden soll, auf ihre Vergleichbarkeit - es kann sich hier nur um
die Vergleichbarkeit des Aufwands handeln - und den Honoraranteil der
Grundleistung an der Leistungsphase untersucht werden.
Wir hatten uns schon weiter vorn kritisch mit prozentualen Festlegungen von
Teilleistungen der Leistungsphasen auseinandergesetzt. Wenn bei den Grundleistungen nur auf der Grundlage von Nachkalkulationen sinnvolle Aussagen
über den Aufwand gemacht werden können, so trifft das auf die "BL" erst recht
zu. Die "BL" sind jeweils auf das einzelne Projekt und die Ziele des Auftraggebers bezogen.
Es ist in der Praxis nur in ganz seltenen Fällen möglich, vergleichbare Grundleistungen als Vergütungsmaßstab für eine "BL" heranzuziehen. Die Problematik der Festlegung des Honorarsatzes für die "BL" bleibt auch in den seltenen
Fällen des Vergleichsmaßstabes einer Grundleistung ungelöst (siehe Hartmann, R., Die neue Honorarordnung für Architekten und Ingenieure HOAI,
Kissing 1988, Teil 4/2 § 5 Rdn. 18). Es kommt entscheidend auf den Aufwand
an, den eine Leistung bei ihrer Erstellung tatsächlich verursacht.

In der überwiegenden Zahl der Fälle, in denen eine Grundleistung als Ver-
gleichsmaßstab nicht vorhanden ist, ermöglicht die HOAI, das Honorar für die
"BL" als Zeithonorar nach § 6 zu berechnen (§ 5 Abs. 4 S. 3).
Ob für eine "BL", die ohne Grundleistungen beauftrag wird, auch § 5 Abs. 4 als
Grundlage für die Honorierung heranzuziehen ist, oder ob hier gemäß BGB
§ 632 eine "übliche Vergütung" zu vereinbaren ist, besteht in der Literatur keine
Einigkeit (siehe Hartmann, R, a.a.O., Teil 4/2 § 5 Rdn. 23; Briegel, H., Beson-
dere Leistungen, DAB 1979, S. 1228f).

Die HOAI regelt "die Berechnung der Entgelte für die Leistungen der Architekten und Ingenieure". Verliert man diesen Sachverhalt nicht aus den Augen,
dann erkennt man, daß wir es hier vorrangig mit einer betriebswirtschaftlichen
Problematik zu tun haben. Im Interesse der Auftragnehmer und der Auftraggeber müssen folglich betriebswirtschaftlich orientierte Problemlösungen
untersucht und dargestellt werden. Die wirtschaftliche Leistungsunfähigkeit
eines Betriebes ist die Grundlage einer sachgerechten Leistungserstellung.
Leider wird dieser Sachverhalt von vielen Büroinhabern und Auftraggebern
nicht so eindeutig gesehen.
Bevor eine "BL" formgerecht beauftragt und honoriert wird, entsteht für beide
Vertragsparteien das Problem der Beschreibung und Bewertung der "BL".

Es gibt unterschiedliche Möglichkeiten, eine Vereinbarung über Erbringung und Honorierung von "Besonderen Leistungen" zu treffen:

A. Die Leistung wird aufgrund eines Angebotes des Auftragnehmers vertraglich vereinbart, d. h. es werden auf der Grundlage des Angebots die Leistung beschrieben und die Vergütung festgelegt.

B. Es wird vereinbart, die beschriebene Leistung aufgrund des verursachten Aufwands zu vergüten, d. h. der Aufwand für die Erbringung der Leistung kann im voraus nicht ermittelt werden.

Es erscheint auf den ersten Blick, als sei die Vereinbarung auf der Grundlage der Version A. günstiger für den Auftraggeber, und die Vereinbarung auf der Grundlage der Version B. günstiger für den Auftragnehmer.
Bei Version A. bekommt der Auftraggeber für eine beschriebene Leistung eine Vergütung durch den Auftragnehmer genannt. Es liegen somit die Leistung und deren Vergütung fest. Änderungen bedürfen des beidseitigen Einverständnisses der Vertragsparteien. Damit trägt der Auftragnehmer das Risiko, daß der Aufwand der Leistungserstellung durch die Ansätze der Kalkulation des Angebots gedeckt werden.
Bei Version B. wird die zu erbringende Leistung beschrieben und der Aufwand der Leistungserstellung dokumentiert. Der nachgewiesene Aufwand wird dann durch den Auftraggeber vergütet. Es besteht in diesem Fall für den Auftraggeber das Risiko, daß der nachgewiesene Aufwand für die erbrachte Leistung nicht angemessen ist.
Bei beiden Vereinbarungen bleibt das Problem der Bewertung der "Besonderen Leistung" durch die Vertragsparteien bestehen. Beide Vertragsparteien müssen die Angemessenheit von Leistung und Vergütung aufgrund ihrer unterschiedlichen wirtschaftlichen Interessen bewerten.

5.2 Bewertung von "Besonderen Leistungen" aus der Sicht des Auftragnehmers

Bei der Ausarbeitung eines Angebotes für eine "BL" ist im Hinblick auf die Durchführung zu unterscheiden zwischen

-   "BL" mit Erfahrungspotential,
-   "BL" mit gewissem Erfahrungspotential,
-   "BL" mit keinem Erfahrungspotential.

Bei "BL", die schon mehrfach bearbeitet worden sind, liegen dem Auftragnehmer Erfahrungswerte im Hinblick auf

- die Qualifikation der benötigten Arbeitskräfte,
- den benötigten Zeitbedarf,
- die benötigten Arbeitsmittel,
- die Organisation der Durchführung,
- Einflüsse auf die Durchführung

vor. Auf dieser Grundlage kann der Aufwand für die zu erbringenden "BL" kalkuliert werden.

Für "BL" steht aufgrund der unterschiedlichen Aufgabenstellungen, der Planungsaufgaben und der Zielvorgaben der Auftraggeber ein solches Erfahrungspotential in vielen Fällen nicht zur Verfügung.
Um den Aufwand zu ermitteln, muß eine Analyse der Leistung erfolgen. Es muß untersucht werden, welche einzelnen Arbeitsschritte zur Durchführung erforderlich sind. Dabei sind

- vorbereitende Arbeiten,
- Durchführung,
- nachbereitende Arbeiten

zu unterscheiden.
Unter vorbereitenden Arbeiten sind das Beschaffen von Unterlagen, Terminvereinbarungen, Organisation der Durchführung, Arbeitsvorbereitung usw. zu verstehen. Diese vorbereitenden Arbeiten können - je nach Aufgabenstellung - einen beträchtlichen Umfang erreichen.
Unter nachbereitenden Arbeiten sind die Dokumentation der Durchführung, Kontrolle des Ergebnisses usw. zu verstehen. Auch der Aufwand für diese Tätigkeiten muß ermittelt werden.

Beispiel:

Mitwirken bei der Information und Betreuung von Mietern bei Modernisierungsmaßnahmen für ein Objekt mit 25 Mietparteien.

1. Festlegen der Arbeitsschritte

- **Vorbereitende Arbeiten**

    - Unterlagen für die allgemeine
      Information vorbereiten
    - Unterlagen für die Einzelinformation vorbereiten
    - Vorbereiten von Einzelvereinbarungen
    - Terminvereinbarung und Terminkoordination

- **Durchführung**

    - An- und Abfahrten
    - Allgemeine Informationsveranstaltung
    - Einzel-Information
    - Einzelbetreuung

- **Nachbereitende Arbeiten**

    - Protokolle anfertigen
    - Mieterakten anlegen
    - Informationsweitergabe

Als nächstes sind die Arbeitsschritte dahingehend zu untersuchen, ob sie mit dem Büropersonal ausgeführt werden können, oder ob einzelne Arbeitsschritte als Fremdleistung vergeben werden müssen (z. B. besondere Untersuchungen oder Arbeiten, zu denen besondere Geräte notwendig sind).

Für Fremdleistungen müssen Angebote eingeholt werden. Die Ergebnisse der Angebote müssen bei der Zusammenstellung des Aufwands berücksichtigt werden.

Bei den Arbeitsschritten, die im Büro ausgeführt werden sollen, muß festgelegt werden, welche Qualifikation für die Ausführung eines Arbeitsschrittes erforderlich ist. Damit können Mitarbeiter, und damit deren Vergütung, den einzelnen Arbeitsschritten zugeordnet werden. Bei der Bestandsaufnahme eines Gebäudes ist für eine maßliche Bestandsaufnahme eine andere Qualifikation der Arbeitskräfte notwendig als für eine technische Bestandsaufnahme, und für das Zeichnen von Bestandsplänen sowie für das Schreiben von Begehungsprotokollen ist die Qualifikation wieder eine andere.

Beispiel:

2.   Festlegen der Qualifikation der Arbeitskraft für die "BL"

Ingenieur der Vergütungsgruppe T5
- Jahresvergütung: 55.690,- DM
- Vergütung je Std. (bei 2.088 Std./Jahr):   25,71 DM

Die Unterteilung in Arbeitsschritte macht eine Beurteilung des notwendigen Zeitaufwandes für die einzelnen Arbeitsschritte möglich. Eine Über- oder Unterschätzung des Zeitbedarfs einzelner Schritte fällt im Hinblick auf den Zeitbedarf für die gesamte Leistung nicht so gravierend ins Gewicht, besonders, da sich Über- und Unterschätzungen einzelner Arbeitsschritte ausgleichen können.

Beispiel:

3.   Festlegen des Zeitbedarfs der einzelnen Arbeitsschritte

		(Zeiten)
● Vorbereitende Arbeiten		
- Unterlagen für die allgemeine Information vorbereiten		4,0 Std.
- Unterlagen für die Einzelinformation vorbereiten		7,5 Std.
- Vorbereiten von Einzelvereinbarungen		6,25 Std.
- Terminvereinbarung und Terminkoordination		1,5 Std.
● Durchführung		
- An- und Abfahrten	10 x 1,5 Std.	15,0 Std.
- Allgemeine Informationsveranstaltung		3,0 Std.
- Einzel-Information	25 x 0,85 Std.	21,25 Std.
- Einzelbetreuung	25 x 0,5 Std.	12,5 Std.
● Nachbereitende Arbeiten		
- Protokolle anfertigen		7,5 Std.
- Mieterakten anlegen		6,25 Std.
- Informationsweitergabe		3,25 Std.
Summe		88,0 Std.

Für den Zeitbedarf, den die Arbeitsschritte erfordern, sind die Rahmenbedingungen und Einflüsse, unter denen die Leistungen erbracht werden, von ausschlaggebender Bedeutung. Können die Arbeiten nur begonnen werden, wenn notwendige Unterlagen von Dritten übergeben werden, sind Verhandlungen zu führen, auf deren Terminierung kein Einfluß besteht. Ist die Durchführung von der Termintreue Dritter abhängig, sind die notwendigen Informationen uneingeschränkt verfügbar usw.?

Diese Einflüsse müssen untersucht und die zeitlichen Auswirkungen beim Zeitbedarf der Arbeitsschritte berücksichtigt werden.

In den meisten Fällen werden die gesamten Kosten für die Leistungserstellung über den bewerteten Zeitbedarf (Stunden multipliziert mit den Personaleinzelkosten) zu erfassen sein.

Die Aufwendungen für das Personal, die nicht direkt der Leistung zuzurechnen sind - Personalgemeinkosten - (sozialbedingte Ausfallzeiten, betriebsbedingte Ausfallzeiten, gesetzliche und betriebliche Sozialleistungen), für Sachmittel (Büromaterial, Gebühren usw.), für Betriebsausstattung (Vorhaltung von Büromaschinen oder Geräten), für Räume (Miete, Betriebskosten usw.) usw. werden über die Bezuschlagung der Personaleinzelkosten mit dem bürospezifischen GKZ abgedeckt.

Beispiel:

4.   Berechnung der Kosten für die "BL"

Ermittelter Zeitaufwand	Std.:	88,0
Personaleinzelkosten	DM/Std.:	25,71
Gemeinkostenzuschlagsatz	GKZ :	168,43
Gemeinkostenfaktor	GKF :	2,6843
25,71 DM/Std. x 2,6843	DM/Std.:	69,-
88,0 Std. x 69,- DM/Std.	DM :	6.072,-

Da die Leistungen von Architekten und Ingenieuren überwiegend durch den Personalaufwand geprägt sind, ist es sicher für die Richtigkeit der Aufwandsermittlung nur in wenigen besonderen Fällen notwendig, den Arbeitsschritten gesondert Sachaufwendungen und/oder Aufwendungen für bestimmte Betriebsmittel zuzuordnen. Auf die Problematik der Änderung des GKZ bei diesem Vorgehen sei an dieser Stelle nur hingewiesen.

Neben dem Aufwand muß für das Angebot der "Besonderen Leistung" noch ein Wagnis- und Gewinnzuschlag festgelegt werden.

Die Analyse der Einflüsse, der die Durchführung der Leistung unterliegt, macht auch das Risiko der Veränderung des Aufwands sichtbar. Einzelne Einflüsse können dazu führen, daß der Aufwand steigt. Als Beispiel können genannt werden:

- Terminverschiebungen,
- Schwierigkeiten bei der Beschaffung von Informationen,
- Entscheidungsschwäche von vorgelagerten Institutionen.

Es würde folglich der Aufwand nicht mehr durch den Ertrag der erstellten Leistung gedeckt werden.
Dieses Risiko wird, neben dem normalen unternehmerischen Risiko, im Wagniszuschlag bewertet. Der Wagniszuschlag muß folglich größer bemessen werden, je mehr Einflüsse vorhanden sind, die ein Risiko der Aufwandsmehrung beinhalten.
Aus der Darstellung folgt, daß es für einen Wagniszuschlag keine durchschnittliche Größenordnung geben kann, besonders wenn man bedenkt, daß es um Leistungen geht, die spezifisch für ein bestimmtes Projekt und in einem bestimmten Zeitraum erbracht werden.

Auf die Problematik des Gewinns ist an anderer Stelle schon eingegangen worden. Hier bleibt nur festzuhalten, daß der Preis für die "BL" neben dem Aufwand für die Leistungserstellung und dem Wagniszuschlag auch einen Gewinnanteil enthält. Dieser Gewinn ist mit einem Gewinnzuschlag in der Angebotsermittlung zu berücksichtigen. Die Höhe des Gewinnzuschlags richtet sich nach den allgemeinen Gewinnerwartungen des Büros.

Beispiel:

5.   **Festlegen des Wagnis- und Gewinnzuschlages für die "BL"**

Da das Büro auf die
- Termintreue der Mieter
- Dauer der Einzelinformation
- Häufigkeit und Dauer der Einzelbetreuung
nur bedingten Einfluß hat, wird hier mit einem Wagniszuschlag von 15 % gerechnet.
Die allgemeinen Gewinnerwartungen des Büros werden mit 5 % angenommen. Es folgt hieraus ein Wagnis- und Gewinnzuschlag von 20 %

   6.072,- DM x 1,2 = 7.286,40 DM.

Ist damit der Preis für die "BL" kalkulatorisch ermittelt, kann dieser Preis aus geschäfts- und/oder auftragspolitischen Erwägungen korrigiert werden. Dies bedeutet, daß der Preis für die Leistung im Angebot höher oder niedriger als der kalkulierte Preis eingesetzt wird.

Ein höherer Preis bereitet aus betriebswirtschaftlicher Sicht in der Regel kaum Schwierigkeiten, da ja alle Ansätze der Kalkulation gedeckt sind.

Ein niedriger Preis bedeutet, daß einzelne Ansätze der Kalkulation nicht mehr durch den Preis gedeckt sind. Die nicht gedeckten Ansätze müssen folglich durch die Erlöse anderer Leistungen gedeckt werden. Auch hier sei auf die ausführlichen Erörterungen der Deckung der gesamten Aufwendungen einschließlich Gewinn- und Wagniszuschlag durch die Honorare verwiesen.

Wird für die Erbringung der "BL" eine Einigung dahingehend erzielt, daß der nachgewiesene Aufwand durch den Auftraggeber honoriert wird, entfällt die Angebotskalkulation.

Es werden aber Angaben, die auch für die Kalkulation erforderlich sind, benötigt. Es müssen Verrechnungssätze für die Bewertung des zu vergütenden Aufwands festgelegt werden. Je nach Vereinbarung und Besonderheit der Leistungserstellung sind

- Personalverrechnungssätze,
- Betriebsmittelverrechnungssätze,
- Sachmittelverrechnungssätze

oder

- Personaleinzelkosten,
- Betriebsmitteleinzelkosten,
- Sachmitteleinzelkosten,
- Zuschlagsätze

festzulegen.

In diesen Ansätzen müssen alle Anteile zur Deckung des Aufwands, des Wagnisses und des Gewinns enthalten sein.

Es entfällt hier allerdings das Risiko der Veränderung des Zeitaufwands durch bestimmte Einflüsse, die der Auftraggeber im voraus nicht einschätzen kann und auf die er keinen Einfluß hat. Daher ist der Wagniszuschlag, der hier vom Architekten/Ingenieur zu berücksichtigen ist, gering. Er beschränkt sich auf das allgemeine unternehmerische Wagnis. Im übrigen gelten für die Festlegungen der Verrechnungssätze die Darlegungen bei der geschäfts- und/oder auftragspolitischen Festlegung des Angebotspreises.

5.3 Bewertung von "Besonderen Leistungen" aus der Sicht des Auftraggebers

Für den Auftraggeber ergibt sich die Problematik der Angemessenheit für die zu beauftragende "BL". Er steht bei der Beauftragung vor der Entscheidung, auf welcher vertraglichen Vereinbarung die Leistung erbracht und vergütet werden soll.
Liegt ihm ein Angebot für die "BL" des Auftragnehmers vor, so kann er dem Angebot

- eine Beschreibung der Leistung,
- einen geforderten Preis für die Leistung

entnehmen.
Dem Auftraggeber steht in der Regel die Kalkulation des Angebots nicht zur Verfügung. Aus welchen Kalkulationsansätzen und Zuschlagssätzen sich der Preis des Angebots ergibt, kann er nicht nachvollziehen. Es fehlen ihm die Kenntnisse

- der Höhe einzelner Kostenarten,
- der Struktur der Kostenarten,
- der Produktivitätskennzahlen,
- der geschäfts-/auftragspolitischen Entscheidungen

des anbietenden Büros.

Die Entscheidung für die Beauftragung des Angebots kann nur nach der Bewertung der Angemessenheit des Preises erfolgen.
Bei der Bewertung der Angemessenheit des Preises für eine "BL" werden die verschiedenen Auftraggeber zu unterschiedlichen Ergebnissen kommen.
Wir unterscheiden neben anderen Merkmalen (siehe "Bauherrntypologie", Pfarr, K. H., Grundlagen der Bauwirtschaft, Essen 1984, S. 101/102) Auftraggeber, die einmalig Bauwerke errichten lassen, und Auftraggeber, die mehrmals bzw. laufend Bauwerke errichten lassen. Beide Auftraggebergruppen müssen sich in Bezug auf die Angemessenheit folgende grundsätzliche Fragen stellen:

- Kann die "BL" durch den Auftraggeber selbst erbracht werden?
- Kann die selbsterbrachte "BL" mit geringeren Kosten erbracht werden?
- Kann die "BL" unabhängig durch eine andere Institution erbracht werden?

Die erste Frage kann nur positiv beantwortet werden, wenn beim Auftraggeber für die Erbringung der Leistung das notwendige "Know-how" vorhanden ist.
Die Beantwortung der zweiten Frage erfordert eine Kalkulation der Leistung analog der Kalkulation auf der Auftragnehmerseite.
Die Beantwortung der dritten Frage verlangt eine genaue Kenntnis der

- Grundlagen und Abhängigkeiten,
- Ergebnisverantwortung,
- Ergebnisverwertung

der Bearbeitung der "BL" und der übrigen Planungsleistungen. Doppelte Erarbeitung von Grundlagen oder notwendige zusätzliche Beschaffung von Informationen verursacht zusätzlichen Aufwand.
Die Verantwortung für das Ergebnis einer Leistung liegt jeweils bei dem Vertragspartner, der die Leistung erbringt. Vergibt der Auftraggeber Leistungen an verschiedene Auftragnehmer für ein Projekt, kann es zu Problemen bei der Feststellung und Beweisführung der Verantwortlichkeit für Mängel an der "Gesamtplanungsleistung" kommen. Die geldlich bewerteten wirtschaftlichen Folgen aus der nicht Zuord- bzw. Beweisbarkeit der Verantwortlichkeit für Mängel kann für den Auftraggeber ein Mehrfaches des Preises für die "BL" betragen.
Die Weiterverwendung der Ergebnisse der "BL" muß gewährleistet sein. Dies kann nur mit Sicherheit erreicht werden, wenn in der Beschreibung der Leistung die Qualität, der Detaillierungsgrad und die Verwendung der Ergebnisse festgelegt sind. Diese eindeutigen Festlegungen bereiten in der Regel Schwierigkeiten.

Man kann davon ausgehen, daß die Gruppe von Auftraggebern, die nur einmalig ein Bauwerk erstellen läßt, nur in wenigen Fällen über das "Know-how" verfügt, die "BL" selbst zu erbringen, geringere Kosten für die Leistungserstellung benötigt, oder eindeutig festlegen kann, daß die "BL" unabhängig durch eine Institution erbracht werden kann.
Bei der Auftraggebergruppe, die mehrfach oder laufend Bauwerke errichten läßt, ermöglichen Erfahrungen und Vergleiche mit abgewickelten Projekten eine differenzierte Betrachtung.

Es können Vergleiche auf Grund von gesammelten und ausgewerteten Kennzahlen mit eigenen Leistungen oder mit Leistungen anderer Institutionen durchgeführt werden.

Das Sammeln von Kennzahlen ist bei dieser Auftraggebergruppe auch im Bereich der Erbringung von "BL" möglich. Bestimmte Auftraggeber werden bei der Abwicklung ihrer Projekte auch immer wieder bestimmte "BL" verlangen. Das bedeutet, daß "BL" nicht nur projektspezifisch, sondern auch auftraggeberspezifisch sind.

Kennzahlen können unterschiedlich gebildet werden. Eine aussagefähige Variante ist die Verwendung von Quotienten. Die Quotienten bestehen aus

- Beobachtungsgrößen (gewöhnlich Zähler),
- Bezugsgrößen (gewöhnlich Nenner).

Die Bezugsgrößen richten sich vornehmlich am Ergebnis der "BL" oder an den Zielen des Auftraggebers aus, z.B.

- aufwandsorientierte Bezugsgrößen
    - Kosten der Planung
    - Kosten der Finanzierung
    - Gesamtkosten
    - Bewirtschaftungskosten
    - Verbandseinheit usw.

- ertragsorientierte Bezugsgrößen
    - Verkaufserlös
    - Mieterträge usw.

- kapazitätsorientierte Bezugsgrößen
    - Nutzungseinheiten
    - Umsatz usw.

- geometrische Bezugsgrößen
    - BRI
    - BGF
    - NF
    - KF usw.

Die Beobachtungsgröße (Kosten/Zeitaufwand) für einzelne "BL" dividiert durch die gewählte Bezugsgröße ergibt eine Kenngröße.
Eine Sammlung und Auswertung von Kenngrößen für wiederkehrende "BL" läßt Aussagen über die Angemessenheit des Preises für gleichartige "BL" zu.

6 Betriebswirtschaftliche Einsichten auf gesamtwirtschaftlichem Hintergrund

Wie im Vorwort bereits erwähnt, standen die Kapitel 1, 2, 4 und 5 seit langer Zeit fest. In den letzten Wochen wurden die Kapitel 3, 6 und 7 ausgearbeitet. In Kapitel 3 wurden Sonderprobleme der Kosten- und Leistungsrechnung vorgeführt, die zum Verständnis des honorarpolitischen "Verteilungskampfes" beitragen könnten. In diesem 6. Kapitel werden betriebswirtschaftliche Einsichten auf gesamtwirtschaftlichem Hintergrund erläutert. Dabei geht es um zwei Problembereiche:

Erstens soll versucht werden, den Zusammenhang von Preis- und Leistungswettbewerb verständlich zu machen. Architekten und Ingenieure tun sich schwer, ihr Gedankengut - wenn sie von Leistungswettbewerb sprechen - den Ökonomen verständlich zu machen.

Zweitens soll zu den Deregulierungsbestrebungen der Bundesregierung, soweit sie die HOAI betreffen, Stellung genommen werden. Honorarordnungen haben einen volkswirtschaftlichen Spareffekt, da sich bei den Auftraggebern und Auftragnehmern Gemeinkostenstunden reduzieren lassen und sie bieten eine sog. orchestrierte Lösung durch die koordinierende Hand des Verordnungsgebers.

6.1 Gedanken zum Preis- und Leistungswettbewerb

Die Anbieter von Bauleistungen verlangen Preise, sie machen Preispolitik, die Anbieter von Planungsleistungen verlangen Honorare, sie machen Honorarpolitik. Für den Bauherrn stellen die Preise für Bauleistungen und die Honorare Kosten dar, er betreibt Kostenpolitik (vgl. Bild 47).
Der Bauherr betreibt Kostenpolitik in zweifacher Weise, zunächst daß er erstens die Kostenartengruppen (z. B. nach DIN 276):

1.0   Kosten des Baugrundstücks
2.0   Kosten der Erschließung
3.0   Kosten des Bauwerks
4.0   Kosten des Gerätes
5.0   Kosten der Außenanlagen
6.0   Kosten für zusätzliche Maßnahmen
7.0   Baunebenkosten

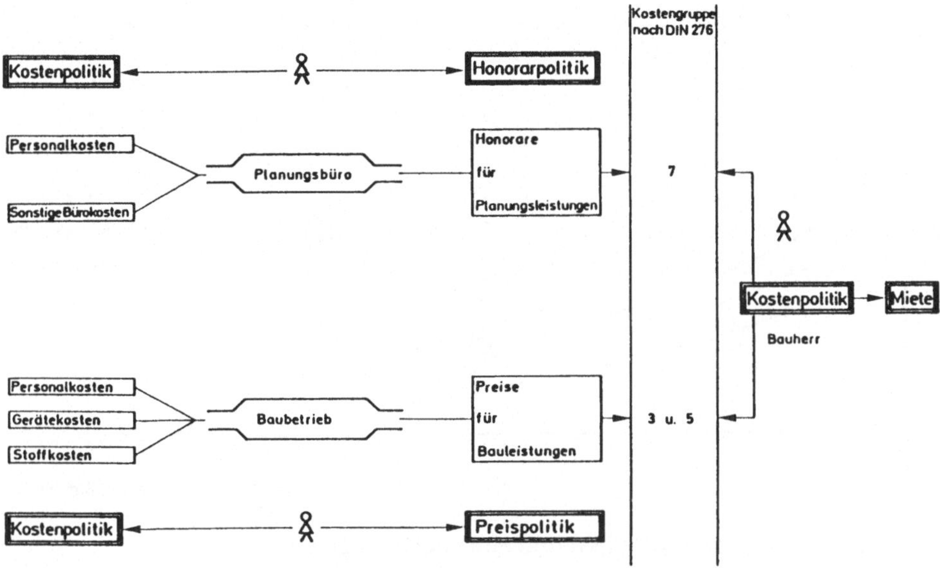

Bild 47:   Die Zusammenhänge von Kosten- und Preispolitik

richtig proportioniert wissen möchte. Das heißt, daß die gezahlten Honorare, die in den Baunebenkosten stecken, in einem vernünftigen Verhältnis zu den Kosten des Bauwerks stehen sollten. Der Bauherr versucht, diese genau so zu minimieren, wie das Planungsbüro es mit seinen Personalkosten (niedrige Gehälter, Einschaltung von freien Mitarbeitern) oder seinen Sachkosten des Bürobetriebes (niedrige Mieten usw.) versucht.

Zweitens will der Bauherr das Verhältnis von einmaligen und laufenden Kosten günstig gestalten, denn die periodisierten einmaligen Kosten machen zusammen mit den laufenden Kosten das aus, was er als Miete eigentlich in Ansatz bringen könnte, und hier stößt er wieder auf Märkte, wo durch das Zusammenspiel von Angebot und Nachfrage die Miethöhe fixiert wird.

Unter der Voraussetzung einer marktwirtschaftlichen Wirtschaftsordnung versteht man unter Preisbildung einen gesamtwirtschaftlichen Vorgang. Wenn das Angebot von und die Nachfrage nach bestimmten Leistungs"mengen" auf dem Markt zusammentreffen, dann kommt im Preis die in Geldeinheiten ausgedrückte Bewertung eines Gutes seitens der tauschwilligen Partner zum Ausdruck. Wie wir in Bild 48 zeigen,

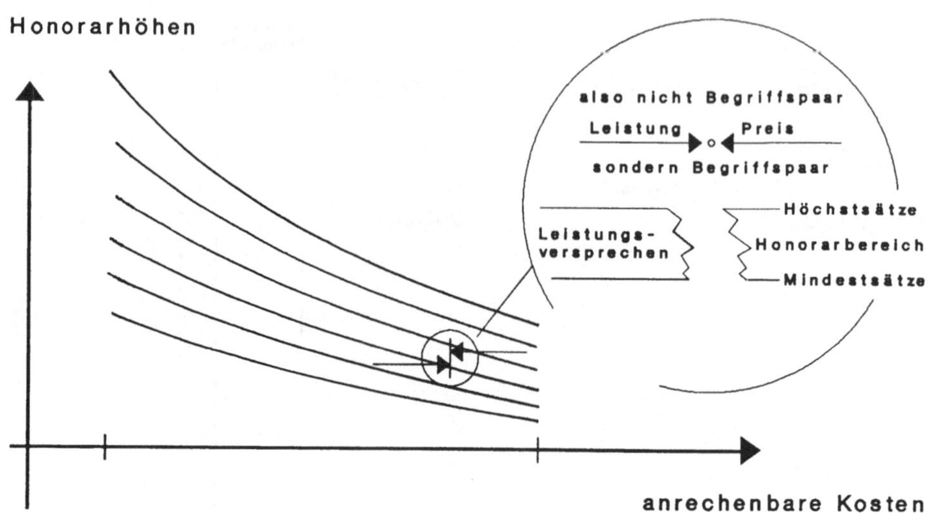

Bild 48:   Leistungsversprechen und Honorarbereich

kann man bei Planungsleistungen nicht von dem Begriffspaar Leistung/Preis
ausgehen, sondern man muß dem *Leistungsversprechen* einen *Honorarbereich* (Mindest- und Höchstsätze) gegenüberstellen. Zunächst werden die
Anbieter von den Höchstsätzen ausgehen, während die Nachfrager nur die
Mindestsätze zu honorieren bereit sind. Sich deshalb in der Mitte zu treffen,
entspricht weder den Gepflogenheiten, noch ist dieser Mittelwert automatisch
das gerechte Honorar. Das Wort- und Begriffsgefüge des sog. gerechten Preises stammt aus dem Römischen Recht (justum pretium). Schon im klassischen
Recht finden wir eine unserer Zeit nicht unähnliche Anschauung des Preises als
Ergebnis einer aus den Tauschhandlungen der einzelnen bestehenden Geld-
und Verkehrswirtschaft. "Die Betonung der Freiheit dieser Tauschhandlungen
geht dabei so weit, daß in den berühmten Sentenzen des Pomponius ... und
Paulus ... das gegenseitige "circumvenire, circumscribere" der Vertrag-
schließenden ... als "naturaliter licere, naturaliter concessum" bezeichnet wird.
Am Ende steht dann die ebenso berühmt gewordene Entschiedenheit, mit der
das Justitianische Recht ... den grundsätzlichen Staatseingriff des Richters
wenigstens für den Fall des um die Hälfte des "Wertes" übersenkten oder über-
steigerten Preises, der sogenannten "laesio enormis", in Anspruch nahm" [1].

---

[1]   Brinkmann, C.: Geschichtliche Wandlungen in der Idee des gerechten
      Preises, in: Welt als Geschichte, Bd. 5, 1939, S. 418 ff.

Ob bei dem Zusammenspiel von Angebot und Nachfrage die möglichen Honorarerlöse so fixiert werden können, daß nach Abzug der variablen Kosten (vgl. Bild 17) ausreichende Deckungsbeiträge in das Fixkosten- und Gewinnbecken abfließen können, hängt meist von anderen Merkmalsausprägungen ab als denen, die vollmundig und elegant als Bewertungskriterien in der HOAI genannt werden.

Der Bauherr sieht durch aufwendiges Bauen seine Wirtschaftlichkeit als Investor gefährdet, das Architektur- und Ingenieurbüro durch nicht auskömmliche Honorare seine Überlebensfähigkeit in Frage gestellt. Wir kommen hier nicht weiter, wenn wir den Wirtschaftlichkeitsbegriff im Rollenspiel nicht neu definieren (vgl. Bild 49).
Wir müssen nämlich zwischen der Wirtschaftlichkeit der Institutionen und der Effizienz ihrer Leistungen unterscheiden. Zunächst zum Wirtschaftlichkeitsbegriff.

Wirtschaftlichkeit wird allgemein in enger Verbindung mit dem Rationalprinzip gesehen. Die beiden Grundregeln dieses Prinzips

I.   Steigerung der Leistung bei unveränderten Kostenumfang

II. Senkung der Kosten bei unveränderter Leistung

sind durch die Knappheit der Mittel im Verhältnis zu den Bedürfnissen begründet. Das "Knappheitsargument" gilt für jede Handlung. Ob es sich um einen Leistungssssportler handelt, der seine Rationalität danach beurteilt, in welchem Verhältnis seine Placierung im Wettkampf zu seinem Trainingseinsatz, seinen möglichen gesundheitlichen Risiken steht, oder ob wir einen Bauherrn nehmen, der das bestmöglichen Zweckerfolg/Mitteleinsatz-Verhältnis erreichen will.
Zur Erfassung von Zweckerfolg und Mitteleinsatz bieten die Wirtschaftswissenschaften verschiedene Verhältniszahlen an, die in den Kategorien

- Ertrag/Aufwand
- Leistung/Kosten
- Nutzen/Kosten

definiert werden. Die Anwendung dieser Kennzahlen setzt eine Konkretisierung eines Zielsystems voraus:

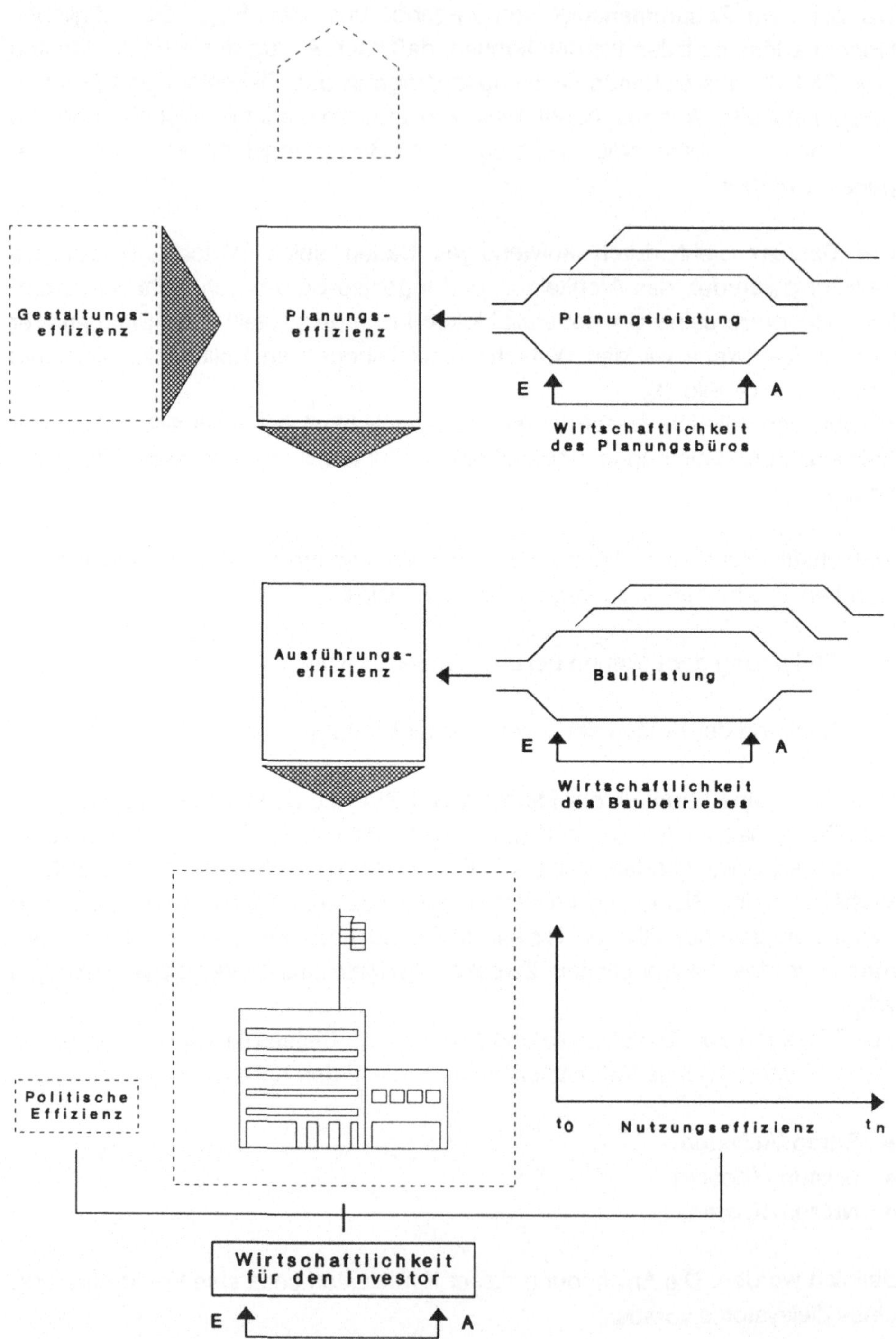

Bild 49:   Wirtschaftlichkeit der Institutionen und Effizienz ihrer Leistungen

1. Programmziele
2. wirtschaftliche Ziele
3. soziale Ziele.

Der leistungsbedingte Mitteleinsatz findet im Betrieb seinen Ausdruck in den Kosten. Der "Verbrauch" an Kostengütern im Verhältnis zu den "hervorgebrachten" Leistungen (Erlöse) ist das immanente Problem des Wirtschaftlichkeitsprinzips.

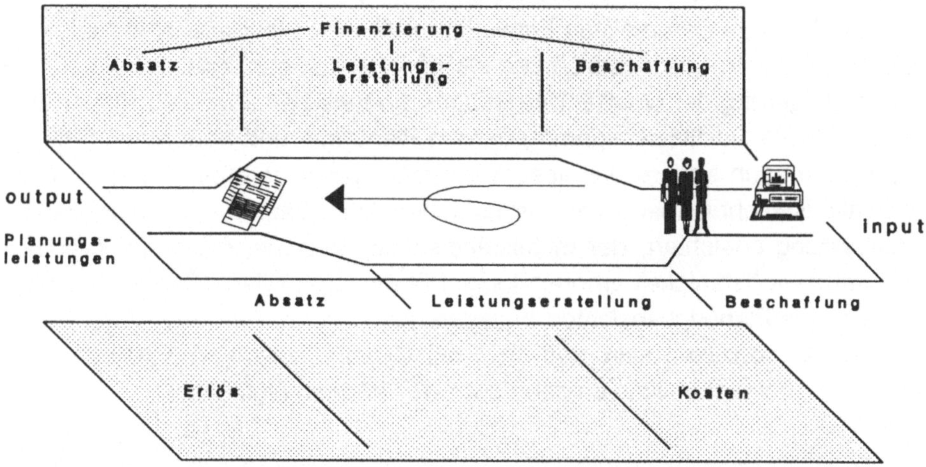

Bild 50:   Reale Güterebene, finanzielle Spiegelbildebene und der Versuch der rechnerischen Abspiegelung

Das, was wir in Bild 50 auf der linken Seite der realen Betrachtungsebene als Planungsleistungen definiert haben, ist das, was in Leistungsbildern erfaßt werden kann. Sie entsprechend durchgeführt, ergibt das, was wir in Bezug auf unser Objekt (vgl. Bild 49) als Planungseffizienz bezeichnen. Effizienz jetzt nicht mehr im Sinne von Ertrag zu Aufwand (als DM-Größen), sondern als bestmöglicher Wirkungsgrad von nutzbarer zu aufgewendeter Leistung. Über diese reine Planungseffizienz hinaus, gibt es aber etwas, was wir für die Architektenseite als Gestaltungseffizienz und für die Ingenieurseite mit Innovationseffizienz übergreifend formulieren könnten und sich in keinem Leistungsbild richtig und angemessen beschreiben ließe. Bei genau beschriebenen Leistungsbildern nach § 15, 55, 64 und 73 kann unter dem Begriff Leistungswettbewerb eigentlich nur noch die Gestaltungs- und/oder Innovationseffizienz verstanden werden.

Daß Freisetzung von Erfahrung, Kreativität und Verantwortungsfähigkeit überhaupt möglich sind, oder diesem wenigstens ein Spielraum zur Entfaltung gegeben wird, rechtfertigt allein die Fixierung von Honorartafeln und deren "Absicherung" nach unten. Eine Garantie für diese Entfaltung gibt es allerdings nicht.

Gestaltungs- und Innovationseffizienz entziehen sich einer quantitativen Erfassung. Sie lassen sich also nicht in Produktivitätskurven oder in Kennziffern - wie in Bild 32 dargestellt - abbilden. Das wollen wir hier noch einmal mit aller Gründlichkeit sagen, obwohl wir von Vor- und Nachkalkulationswerten und Honorardeckungsstunden für die wirtschaftliche Führung von Planungsbüros enorm viel halten. Den meisten Entwürfen sieht man nicht einmal an, aus wievielen alternativen Lösungsansätzen sie hervorgegangen sind. Häufig tragen sie zur Steigerung der Qualität des Baugeschehens bei oder sie "eröffnen den Reigen" für die Qualitätssteigerung der am Planungs- und Bauprozeß Beteiligten, in dem auch andere bei diesem Vorgang herausgefordert werden. Wem sie zufällt, ist nicht immer exakt auszumachen. Dem Bauherrn, für den sich die Entscheidung erleichtert, der mittelständischen Industrie, die damit eventuell ihre Wettbewerbsfähigkeit erhöhen kann. Für die interessierte Öffentlichkeit, für die damit die Planungsabsichten transparenter werden. Eine Honorarordnung muß also so konzipiert sein, daß nicht nur Gewinnerzielung möglich ist, sondern auch Erfolgspotentiale aufgebaut werden können (vgl. Bild 51).

Auf der linken Seite der Waagschale haben wir Kosten, Gewinn und Honorar aufgelegt, auf der rechten Waagschale:

- Mitarbeiterqualifikation (durch Schulung)
- Erhöhung der Arbeitsproduktivität (durch EDV-Einsatz usw.)
- Qualitätssteigerung der Beratungsleistung (durch verändertes Rollenverständnis).

Auf dem Hintergrund der rechten Waagschale müssen wir uns Zeiterscheinungen vorstellen, wie:

- Strukturwandel der Baunachfrage
- Dynamik des Baumarktes
- Zunahme der Projektbeteiligten
- Änderungshäufigkeit von Regelwerken
- Rechtliche, politische und wissenschaftliche Durchdringung des Bauens ("Störgrößen").

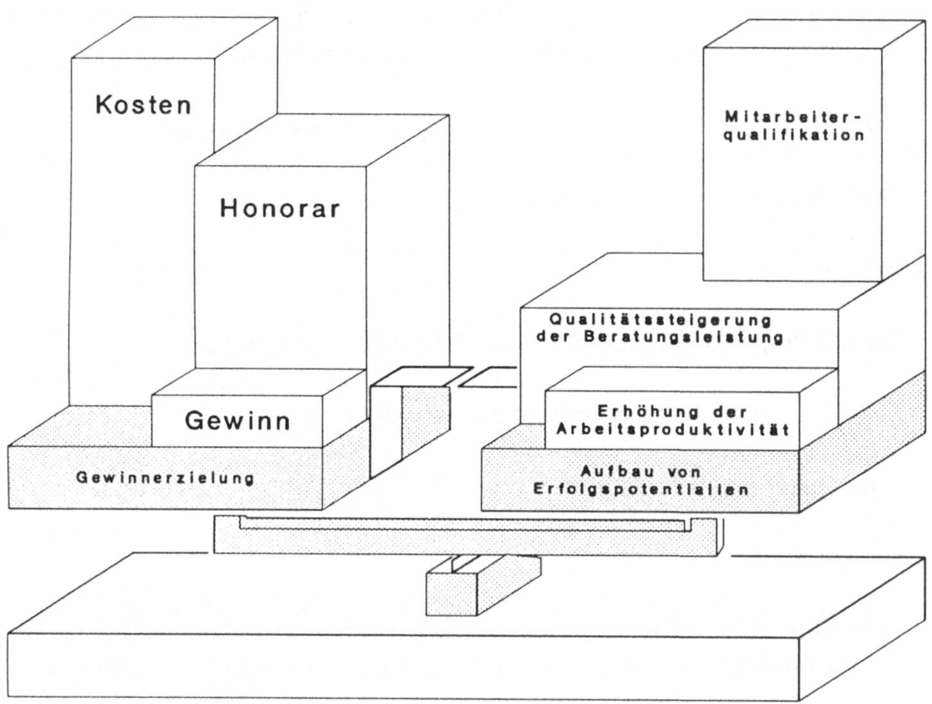

Bild 51:   Gewinnerzielung und Erfolgspotentiale auf der Waage

Blicken wir zurück auf Bild 1, wo wir wichtige Funktionsbereiche und ihre "Verschachtelung" dargestellt haben, dann können wir die "Überlebensstrategien" der letzten 5 bis 8 Jahre systematisieren. Sie sind natürlich bei der einen oder anderen Bürogröße unterschiedlich, sie können auch bei Architekten- und Ingenieurbüros verschieden ausgeprägt sein, zwischen Stadt und Land können sie differieren, aber sie beschreiben die Wirklichkeit, die sich in den letzten Jahren vollzogen hat.

Personalsituation

-   Erhöhung der Arbeitsstunden bei den Büroinhabern.

-   Einsatz von Mitarbeitern über die 40-Stunden-Woche hinaus ohne bezahlte Überstunden, weil unbezahlbar.

-   Austausch der älteren Mitarbeiter durch jüngere (mit niedrigen Gehältern).

- Vermehrter Rückgriff auf freie Mitarbeiter (ohne festen Arbeitsplatz, ohne soziale Absicherung, ohne langfristige Berufsperspektiven).

- Verstärkte Einbindung von mitarbeitenden Familienangehörigen.

- Geringe Fortbildungsinvestitionen.

Kostensituation

- Reduzierung von Personalkosten nach Struktur und Niveau.

- Keine Ersatzbeschaffung im Investitionsbereich.

- In die Zukunft gerichtete Investitionen (EDV, CAD) müssen unterbleiben.

Erfolgssituation

- Kalkulatorische Inhabergehälter lassen nach der Überschußrechnung keinen Vergleich mit verwandten Berufszweigen noch möglich erscheinen.

- Auflösung von Rücklagen.

- Gelegentliche "Ringeltauben" verschieben den Auszehrungsprozeß um geraume Zeit.

- Möglicher Verzicht auf unergiebige Auftragsgrößen und Auftragsstrukturen (Planen und Bauen im Bestand) können bei entsprechender Auslastung kurzfristig das Bild verzerren.

Auftragssituation

- Rationalisierung durch Leistungseinschränkung [2] (damit wird immer der sachunkundige Bauherr getroffen).

- "Delegierung" der Leistungen an ausführende Firmen, d. h. die Büros werden in die "Fangarme" der Firmen systematisch getrieben.

---

[2] Die Bundespost hat den Vorgang, statt zweimal am Tag nur noch einmal die Post auszutragen, auch schon einmal als Rationalisierung deklariert.

Da diese Vorgänge vernetzt auftreten, sind manche Komplexe nicht quanti-
fizierbar, andere, wie Projektstundenzahl, Gehaltsniveau und -entwicklung
durchaus nachvollziehbar.

6.2 HOAI und Deregulierungsbestrebungen

Mitte Oktober 1988 wurden Kammern und Verbände von einem Fragenkatalog
zur Deregulierung im Bereich der Freien Berufe überrascht.
Gestellt wurden die Fragen von der Deregulierungskommission, deren Vor-
sitzender Prof. Dr. Jürgen B. Donges ist, und die Antworten sollten spätestens
bis 31. Dezember 1988 eingereicht sein. Bei den gestellten Fragen ging es um

- Zulassungsbeschränkungen
- Werbeverbot
- Standesrecht
- Pflichtmitgliedschaft und
- Gebührenordnung.

Zum letzten Punkt wurden im Detail folgende Fragen gestellt:

6. Wie beurteilen Sie die folgenden Argumente, welche für die Notwendigkeit
   von Gebührenordnungen vorgebracht werden?
   Würden Sie noch weitere Argumente vortragen?

   a) Freie Gebühren führen zu einem ruinösen Wettbewerb.

   b) Die Gebührenordnung dient dazu, die Nachteile der anderen Regle-
      mentierungen Freier Berufe (z. B. Werbeverbot) auszugleichen.

   c) Der bei den Freien Berufen gewünschte Leistungswettbewerb ist - im
      Unterschied zu anderen Wirtschaftsbereichen - nur möglich, wenn
      die wirtschaftliche Existenz der Anbieter gesichert ist. Deshalb ist
      Preiswettbewerb unerwünscht.

   d) Eine Gebührenordnung ist notwendig, damit bei gesetzlich angeord-
      neter Inanspruchnahme freiberuflicher Leistungen (Anwaltszwang,
      Prüfungspflicht bei Wirtschaftsprüfern usw.) der Klient nicht über-
      vorteilt wird.

e)   Im Zivilprozeß müssen Gebührenordnungen gelten, damit die unter-
      legene Partei nicht die von der Gegenpartei sehr hoch vereinbarten
      Honorarforderungen mitbezahlen muß.

7.   Was halten Sie von den folgenden, gegen Gebührenordnungen für die
      Freien Berufe vorgetragenen Argumenten? Können Sie weitere Argu-
      mente nennen?

      a)   Preiswettbewerb verbilligt die Leistungen der Freien Berufe, nicht
            zuletzt über die Möglichkeit der Nutzung der Kostensenkung.

      b)   Preiswettbewerb führt insbesondere dazu, daß die Vorteile größerer
            Sozietäten, Kanzleien usw. besser genutzt werden.

      c)   Der Leistungswettbewerb folgt dem Preiswettbewerb.

      d)   Die Gebührenordnungen sind zu starr; sie tragen Änderungen der
            Nachfragestruktur und der Kostenverhältnisse nicht rechtzeitig
            Rechnung.

      e)   Preiswettbewerb gibt newcomern eine bessere Chance.

8.   Nach welchen Kriterien werden die Gebührenordnungen festgelegt und
      angepaßt. Was ist von diesen Kriterien zu halten?

Einige dieser Fragen sind für Architekten und Ingenieure von aktueller Bedeutung. Trotzdem sollen diese nicht der Reihe nach beantwortet werden. Erstens
kann es nicht Aufgabe einer wissenschaftlichen Veröffentlichung sein, Fragen
zu beantworten, die uns gar nicht gestellt wurden. Zweitens käme die Beantwortung innerhalb eines Buches ohnehin zu spät.
Aber es kann Aufgabe von Lehre und Forschung sein, Fragen zu stellen, die
die Kommission gar nicht gestellt hat, aber zum Verständnis der Zusammenhänge besonders wichtig sind.
Gebührenordnungen gibt es in Deutschland seit über 100 Jahren, Vorschläge,
wie man Gebühren berechnen könnte, seit 200 Jahren (vgl. Kapitel 1.3). Das
wäre für mich jedoch kein Grund zu sagen, es muß sie deswegen auch weiter
geben. Wenn man aber die Gebührenordnungen im Spiegel der Bauwirt-
schaftsgeschichte verfolgt, so sieht man, wie sich in ihnen die bauwirtschaftliche Entwicklung widerspiegelt. Sie paßten sich also den Bedingungen ihrer
Zeit an, wenn auch die Relation von Leistung und Honorar nie als optimal von
den Beteiligten angesehen wurde.

Sie hatten aber zu allen Zeiten einen gesamtwirtschaftlichen Spareffekt, denn Leistungsbilder mußten nicht tausendfach formuliert und angemessene Honorare nicht millionenfach ausgehandelt werden, wenn man an die zigtausend Verträge denkt, die Jahr für Jahr in der Bundesrepublik im Planungsbereich abgeschlossen werden. Da müssen ja trotzdem noch eine Unmenge von Stunden bei sog. Streichkonzerten vertan werden, bis der meist monopolistische Auftraggeber seine Vorstellung "diktiert" und schließlich auch gegenüber dem schwächeren Partner durchgesetzt hat.

Man darf also behaupten, daß das Bundeswirtschaftsministerium durch seine Koordinierungsbemühungen den Anbietern und Nachfragern Millionen Stunden pro Jahr erspart, die sonst als Gemeinkostenstunden auf die produktiven Stunden von Auftraggebern und Auftragnehmern verrechnet werden müßten.

Unter der koordinierenden Hand des Verordnungsgebers kommt aber auch noch etwas anderes zustande, was ich noch viel höher einschätzen würde, nämlich die orchestrierte Lösung anstelle der Solistenlösung (vgl. Bild 52).

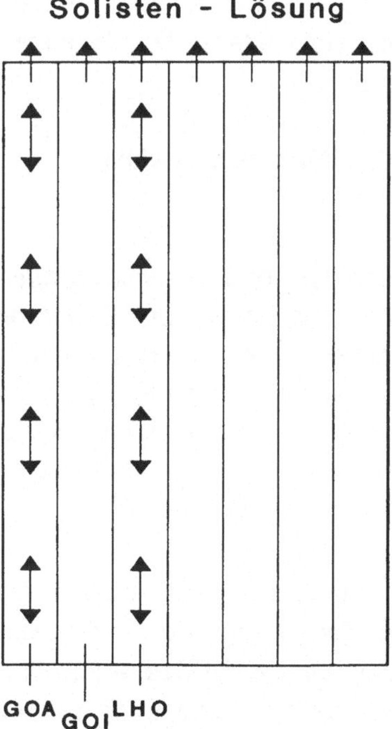

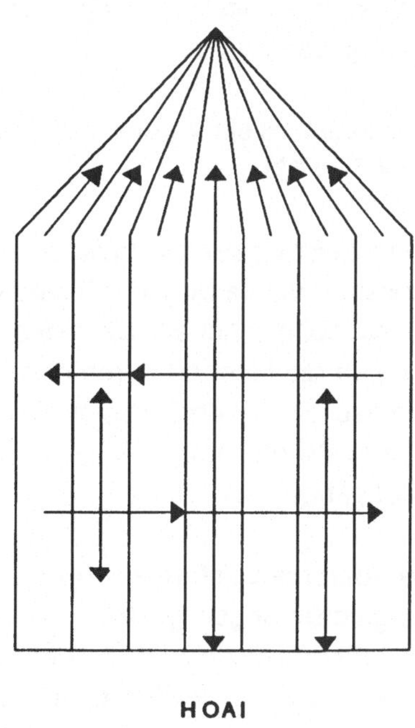

Bild 52: Solisten- und Orchester-Lösung

Bei der Solistenlösung könnten eines Tages Leistungen:

- bei Gebäuden und Freianlagen
- bei Ingenieurbauwerken und Verkehrsanlagen
- bei der Tragwerksplanung
- bei der Technischen Ausrüstung
- bei der Thermischen Bauphysik
- für Schallschutz und Raumakustik
  usw.

beziehungslos nebeneinander stehen. Doppelhonorierungen für den nicht fachkundigen Bauherrn wären die Regel.

Durch die vertikale und horizontale Durchdringung bei der Orchester-Lösung wird den Anforderungen des Baumarktes in jeder Hinsicht Rechnung getragen. Dies wirkt sich auf die rationelle Abwicklung des Planungs- und Bauprozesses überaus günstig aus. Auch wenn das Grundgerüst an anderer Stelle konzipiert und verarbeitet wird, durchgesetzt kann es nur über einen starken Verordnungsgeber werden, der die Kontrahenten (Auftraggeber und Auftragnehmer) und die Wissenschaft an einen Tisch bringt.

Über den Zusammenhang von Leistungs- und Preiswettbewerb haben wir uns schon in Kapitel 6.1 ausgelassen. Hier soll noch ein weiterer Aspekt hinzugefügt werden.

Zunächst sei ein Vergleich mit der bauausführenden Wirtschaft gewählt
(vgl. Bild 53).

Das Leistungsverzeichnis setzt sich aus Pauschalen und Einzelleistungen zusammen, die für jede Position eine Mengenermittlung mit genauer Beschreibung nötig machen. Die bauausführenden Betriebe treten als Preisanpasser auf, da die Mengen durch den Planer vordisponiert sind. Sie sind für den Baubetrieb ein unverrückbares Gefüge, was dieser nur durch Sonderangebote in Frage stellen kann, d. h. wenn sich durch eine andere Planung ein verändertes Mengengerüst ergibt.

Wurden die Leistungen ex-ante nicht vollständig erfaßt, werden ex-post Nachtragsforderungen gestellt, die zwar ein beliebtes Betätigungsfeld für Bauwirtschaftsprofessoren sind, aber für den Auftraggeber ein Horror-Szenarium darstellen und schließlich Gerichte aller Instanzen bemühen. Was aber ex-ante auch möglich ist, die Firmen können bei guter Konjunktur auch einmal kräftig bei den Preisen zulangen.

ex ante – Betrachtung	ex post – Betrachtung
Pauschale(n) für : Einrichtung Unterhaltung Räumung	Pauschale(n) für : Einrichtung Unterhaltung Räumung ....
m_1 x p_1 + m_2 x p_2 + m_3 x p_3 + ... + m_n x p_n sog. Preisanpasser	m_1 x p_1 + m_2 x p_2 + m_3 x p_3 + ... + m_n x p_n + ... + m_x x p_x ⎫ + m_y x p_y ⎬ Nachträge + m_z x p_z ⎭ + Tagelohnarbeiten

Bild 53:   Mengen- und Preisgerüst bei Bauaufträgen

Im Honorarbereich von Architekten und Ingenieuren treten an die Stelle der
Mengen und ihrer Beschreibung Grund- und Besondere Leistungen, und man
kann für jede Aufgabe ein Leistungsbild nach Breite und Höhe zusammen-
stellen, was dem Zweck des Objektes und den Zielen des Bauherren am
besten gerecht wird (vgl. Bild 8).
Aber dieses Mengengerüst ist nicht so zu verstehen, daß ein Leistungsbild in
beliebig viele Einzeltätigkeiten gesplittet werden könnte, das man mit einem
Einheitspreis multiplizieren kann und ohne Rücksicht auf die Gesamtsumme
herauszunehmen in der Lage ist.

Im Pfarr-Gutachten hieß es dazu wörtlich:
"Das Leistungsbild dieser Honorarordnung wurde erstmals "prozeßorientiert"
dargestellt und damit in den gesamten Planungs- **und** Bauablauf eingeordnet.
Die Leistungsphasen 1 - 9 stellen in Tätigkeitsbündel zusammengefaßte Einzeltätigkeiten dar, deren Bezeichnung ergebnisorientiert formuliert ist und für
alle Planer einheitliche Titel darstellen, unter denen er seine Einzeltätigkeiten
subsumieren kann (integrierte Planung).

Bei der Auflistung der Tätigkeiten muß davon ausgegangen werden, daß eine Honorarordnung, wenn sie nicht in kürzester Zeit überholt sein soll, nur **umschreibenden** Charakter haben kann. Das Aufführen aller möglichen Einzeltätigkeiten ist u. a. aus folgenden Gründen nicht sinnvoll.

- Die detaillierte Fixierung der Einzeltätigkeiten würde den Spielraum der geistigen Leistung des Planers zur Erbringung eines Ergebnisses stark einschränken.

- Die betriebliche Rationalisierungsmöglichkeit würde verbaut.

Das bedeutet nicht, daß für einen bestimmten Auftrag die **Um**schreibung der Honorarordnung zur **Be**schreibung werden kann.

Dabei stellt sich hier die Frage, ob die Nennung der den einzelnen ergebnisorientierten Leistungsphasen zugeordneten Tätigkeiten eine Auflistung der "geistigen Leistung des Planers" darstellt, die man abhakt oder die nach Belieben vom Bauherrn gestrichen werden kann, weil:

- man es angeblich nicht braucht,
- man es selbst macht,

d. h. der "scheinbare" Wegfall einer solchen Tätigkeit im Grundleistungskatalog kann keine Minderung des Honorars einer Leistungsphase bewirken."

Was den Entwurf solcher Leistungsbilder angeht, sind wir der Auffassung, daß es sinnvoller ist, daß eine Forschungsgemeinschaft vielleicht 1.000 bis 2.000 Stunden investiert, um solche Mosaiksteinchen zusammenzustellen, die im Sprachgebrauch noch einheitlich sind, als Anbieter und Nachfrager begrifflich ungeschützt aufeinander loszulassen und es dann einer 20jährigen Rechtsprechung zu überlassen, den Architekten und Ingenieuren mitzuteilen, was die Juristen unter den einzelnen Tätigkeitsmerkmalen verstehen.

Nun könnte man argumentieren, der Verordnungsgeber erläßt eine Leistungsordnung, und das Honorar soll in jedem Einzelfall ausgehandelt werden. Auch einer solchen Lösung könnte ich zustimmen, wenn auf einen Schlag alle Honorarordnungen vernichtet würden, und keiner mehr die Möglichkeit hätte, in die früheren Tabellen einzusehen, wenn zweitens der Auftragnehmer zur Berufsausübung eine Betriebsabrechnung mit Vor- und Nachkalkulation vorweisen müßte, und drittens alle Mitarbeiter der vergebenden Seite vorkalkulatorisch geschult würden, und es darüber hinaus eine Instanz gäbe, die das

Zahlengefüge, das zur Beurteilung des angemessenen Honorars notwendig ist, zur Verfügung stellen würde. Der private Bauherr und der, der nur einmal baut, bliebe trotzdem auf der Strecke.

Machen wir uns doch nichts vor: Die abgeschafften Honorartafeln würden doch weiter benutzt, nach unten interpretiert, und der "Schluck aus der Pulle", den der Baubetrieb gelegentlich durch einige Positionseinheitspreise, auch mal gelegentlich durch sog. Mondpreise nehmen kann, würde nicht möglich sein. Das Fixkostenbecken (vgl. Bild 17), wo sich eine Vielzahl von Kostenarten ausgestreckt und breitgemacht hat, ist so mit ausgabenwirksamen Kosten angefüllt, daß mit den Nachfragern von Planungsleistungen schlimme Verhandlungsrunden gefahren werden könnten.

Die fixen Kosten schreien nach Beschäftigung, sagte schon der Altmeister der Betriebswirtschaftslehre E. Schmalenbach. Wenn ich nur daran denke, wieviele Varianten der Honorarzonenverlängerung über 50 Mio. DM mir in den letzten Jahren vorgestellt wurden, da bliebe es doch nicht aus, daß an allen Ecken und Enden von Auftraggebern neue Honorartafeln konzipiert würden. Außerdem würden sich immer die im Wettbewerb honorarpolitisch empfehlen, die sich durch nicht entsprechende Erfahrung hinauskalkuliert haben.

Wer Verträge mit der Öffentlichen Hand liest, dem wird auffallen, daß dort sehr wenige "Besondere Leistungen" vergeben werden. Nicht, weil diese dort nicht anfielen. Aber sie werden - als zweiter und dritter Vorentwurf getarnt - vergütet, denn das ist dem Rechnungshof, wie man glaubt, eher zuzumuten.
Die Reihe solcher Feststellungen könnte ich beliebig fortsetzen.

Zusammenfassend ließe sich sagen: Auch an der bestehenden HOAI ließen sich einige Punkte deregulieren. Das würde aber von beiden Seiten (Auftraggebern und Auftragnehmern) erfordern, daß nicht alles, was uns in einem komplexen Baugeschehen begegnet, auch geregelt werden müßte.

Wenn Erfahrung - nach Costa du Rals - "ein Siegespreis ist, aus allen Waffen geschmiedet, die uns jemals verwundet haben", dann darf die HOAI nicht zu einem Sammelbecken von traurigen Erfahrungen werden, die Auftraggeber und Auftragnehmer im Laufe ihrer Praxis einmal machen mußten.

7 Chancen und Risiken für Architekten und Ingenieure nach Verwirklichung des Europäischen Binnenmarktes 1992

Im Oktober 1971 erschien in der TIMES zur Frage: "Soll Großbritannien der Europäischen Gemeinschaft beitreten?" unter den Leserbriefen ein umfangreiches Memorandum, das von 154 angesehenen Wirtschaftswissenschaftlern unterschrieben war. Ihr Votum: "Ein Beitritt sei mit großer Wahrscheinlichkeit ungünstig." Kurze Zeit später erschien ein zweites Memorandum, das von 142 ausgewiesenen Experten unterschrieben war. Ihr Votum: "Ein Beitritt hätte vermutlich günstige wirtschaftliche Auswirkungen." Wie wir alle wissen, England entschied sich für den Beitritt.

Das Fazit, das wir daraus schließen können, lautet: Die Wissenschaftler kannten kein Verfahren, ihren Streit zu entscheiden. Das hinderte sie jedoch nicht, mit Anspruch auf Gehör als Experten den Versuch zu unternehmen, auf einen politischen Entscheidungsprozeß einzuwirken.

In diesem Fall ist das Problem etwas anders geartet. Die politische Entscheidung ist gefallen, und sie wird kaum von einem Politiker der wichtigsten Parteien in Frage gestellt. Deshalb sind auch nur noch die Chancen und Risiken, die Vor- und Nachteile, die sich aus der Verwirklichung des Binnenmarktes ergeben, aber auch die Vorurteile, die diesem von den Architekten und Ingenieuren entgegengebracht werden, zu analysieren.

7.1 Motiv, Ziele, Maßnahmen und Wirkungen

Um den Lesern diese Abläufe verständlich zu machen, sollten sie einen Blick auf Bild 54 werfen.
Motiv war, die Wachstumsdefizite der europäischen Industrie zu beseitigen. Eurosklerose war in den letzten Jahren eine zeitweilig beliebte, aber nur begrenzt zutreffende Schilderung für ein Phänomen, das die Wachstumsdefizite der europäischen Industrie im internationalen Vergleich darstellen sollte:

- Ein Übermaß an staatlicher und sozialpolitischer Reglementierung führten zu einer Einengung von Flexibilität und Kreativität.

- Überregulierung, Überbesteuerung und Konservierung überholter Strukturen hemmten das Wachstum.

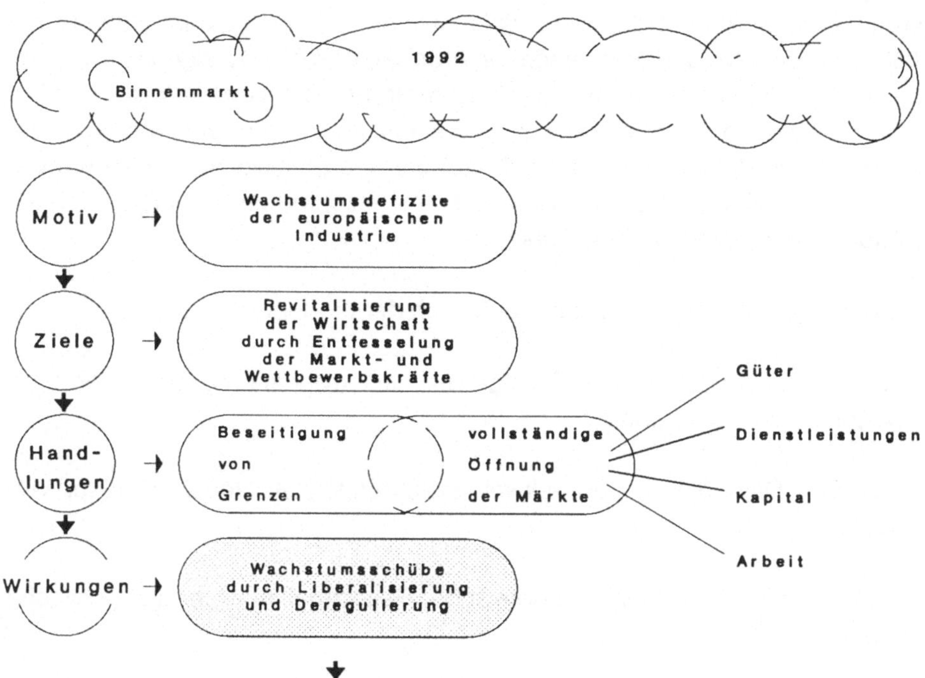

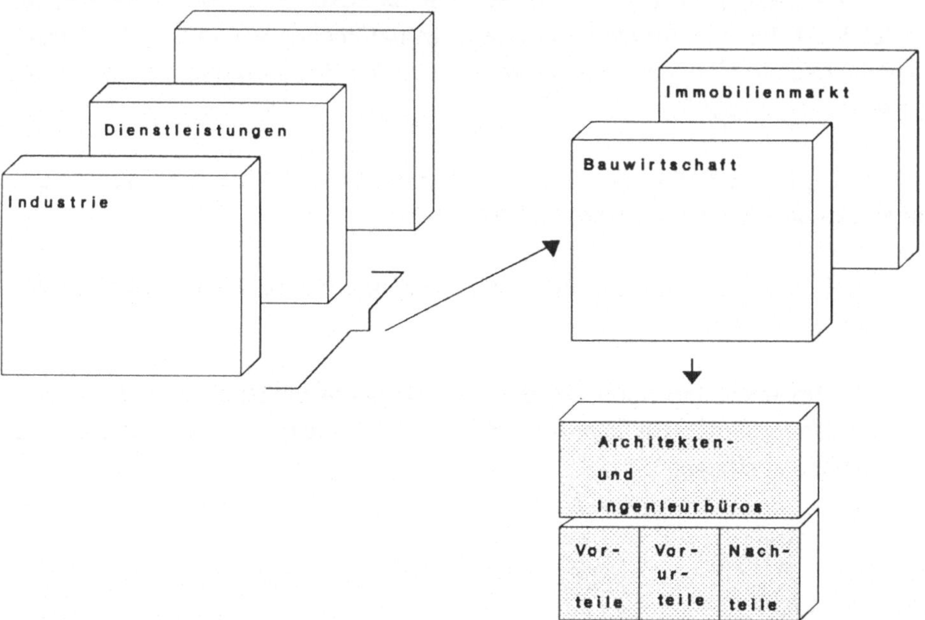

Bild 54: Europäischer Binnenmarkt 1992 - Motive, Ziele, Handlungen und Wirkungen

Herbert Giersch[3] sieht das noch differenzierter: "Anderthalb Jahrzehnte mit relativer Stagnation und zunehmender Arbeitslosigkeit sind eigentlich genug. Doch ist zu befürchten, daß der Wachstumsstau ein ganzes Vierteljahrhundert braucht, also noch 10 Jahre, um sich von selbst aufzulösen. Entstanden ist der Stau durch die Ressourcenknappheit, auf die das quantitative Wachstum der Goldenen sechziger Jahre stieß. Aus unserer Hubschraubersicht ergab sich die Kollision an der Spitze aus drei Schocks:

- aus dem Lohnschock des Jahrfünfts nach der Studentenrevolte

- aus dem Umweltschock im Gefolge der Katastrophenprognosen des Club of Rome (von 1972) und

- aus dem Ölschock in der weltweit synchronisierten Hochkonjunktur von 1973.

Ich sehe hierin mehr sozioökonomische Gesetzmäßigkeiten als politische Zufälle.

Was sich plötzlich verteuerte, wurde eingespart: Arbeit durch forcierte Rationalisierung, Energie durch aufwendige Investitionen, der Verbrauch der Umwelt durch kostspielige Auflagen. Was auf der Strecke blieb, war jene Kapitalproduktivität, die der Arbeitsproduktivität in natürlicher Weise zugute kommt. Es verlangsamte sich jenes Kapitalwachstum, das Reallohn und Beschäftigung zugleich steigen läßt."

Ziel ist also (vgl. Bild 54) die Revitalisierung der Wirtschaft durch Entfesselung der Markt- und Wettbewerbskräfte. Dazu sollte:

1. die Beseitigung von Grenzen - die binnenmarktähnliche Verhältnisse verhindern - zählen,

2. ein Binnenmarktprogramm, d. h. die geplante vollständige Öffnung der Märkte für Güter, Dienste, Kapital und Arbeit, entsprechende Wachstumsschübe auslösen.

---

[3] Europa im Wachstumsstau (in FAZ vom 18.7.1987, S. 13)

Über Liberalisierung und Deregulierung würden damit volks- und betriebswirtschaftliche Einsparungen möglich sein und zusätzliche Rationalisierungs- und Modernisierungsinvestitionen erfolgen (vgl. Bild 54). Eine Beschleunigung des wirtschaftlichen Wachstums im Investitionsbereich käme auch der Bauwirtschaft zugute, nachdem sich die Bauinvestitionen immer in einem bestimmten Verhältnis zu den Gesamtinvestitionen bewegen (vgl. Bild 55).

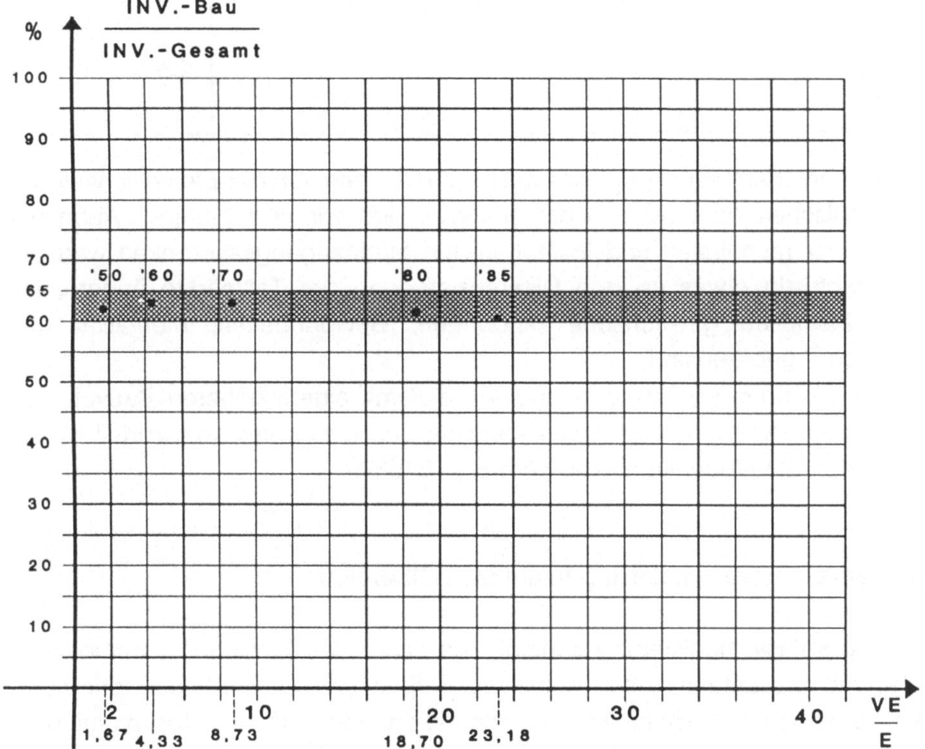

Bild 55: Das Verhältnis von Bauinvestitionen zu Gesamtinvestitionen in Abhängigkeit vom Volkseinkommen je Einwohner (entnommen aus: Pfarr, K. H.: Trends, Fehlentwicklungen und Delikte in der Bauwirtschaft, Springer Verlag 1988, S. 22).

Vergleicht man die Bauinvestitionen und Einwohner im Binnenmarkt mit den USA und Japan, dann spricht rein rechnerisch manches für die Öffnung des Binnenmarktes, denn in den USA und in Japan sind die Bauinvestitionen fast doppelt so hoch auf den Einwohner bezogen.

Tabelle 18:   Bauinvestitionen je Einwohner innerhalb der EG, USA und Japan

	EG	USA	JAPAN
Bauinvest. 1985	338 Mrd. ECU	502 Mrd. ECU	277 Mrd. ECU
Einwohner	322 Mill.	239 Mill.	121 Mill.
<u>I Bau</u> Einw.	1049	2100	2289

Es sollte trotzdem keine Euphorie aufkommen, denn von der Einheitlichkeit des amerikanischen oder japanischen Marktes sind wir weit entfernt. Auch der Abbau aller rechtlichen und institutionellen Marktzugangsschranken wird nur sehr langfristig etwas an den Differenzierungen der Teilmärkte ändern, die durch historisch gewachsene Bindungen, Gewohnheiten, Mentalität und Sprachen [4] geprägt sind.

Trotzdem können wir davon ausgehen, daß mit einem höheren Bauvolumen auch ein höheres Honorarvolumen ansteht und dies somit von Vorteil für die Architekten- und Ingenieurbüros wäre (vgl. Bild 54).

7.2 "Vorab"-Harmonisierung in einem Teilbereich

Eine "Vorab"-Harmonisierung scheint sich schon im Bereich der Immobilien-wirtschaft anzubahnen. "Seit den Freiberuflern bewußt wird, daß der euro-päische Binnenmarkt ihnen ab 1993 erlaubt, den regnerischen Norden mit dem stets milden, freundlichen Süden zu vertauschen und zum Beispiel an der Côte d'Azur als Steuerberater, Rechtsanwalt oder Zahnarzt tätig zu sein, boomt es dort gewaltig. Vor allem Dänen, Engländer und Holländer kaufen alles zu fast jedem Preis. Während sich früher an der Côte die Preise alle fünf bis sieben Jahre verdoppelten, kann man jetzt vor drei bis fünf Jahren erworbene Immo-bilien zum doppelten Preis wieder abgeben. Und die Tendenz geht weiter nach oben. Der "Mitterrand-Schock", die kurze Stagnation nach seiner ersten Wahl, ist längst überwunden." (Carl Santos, Centrale Immobilière Française - in einer Leserzuschrift an den Spiegel.)

---

[4]   Hier sei an den Ausspruch des Fugger erinnert: "Die beste Sprache des Kaufmanns ist die des Kunden."

Also könnte man sich nicht vorstellen, daß auch so manchem Architekten und Ingenieur zum Entwurf und der konstruktiven Möglichkeit nur im sonnigen Süden die geniale Idee kommt?
Damit die Finanzbauverwaltungen nicht so hohe Telefonrechnungen bekommen, könnte die Zahl der Partner in den Büros entsprechend in die Höhe gehen, damit einer für die Telefonseelsorge immer zur Verfügung steht.

7.3   Chancen der Industrie

Damit die Branche Baugewerbe und der Zweig Architekten- und Ingenieurbüros ins rechte Verhältnis zum verarbeitenden Gewerbe gerückt wird, sollte man auf das Symplex-Bild 56 sein Augenmerk richten.

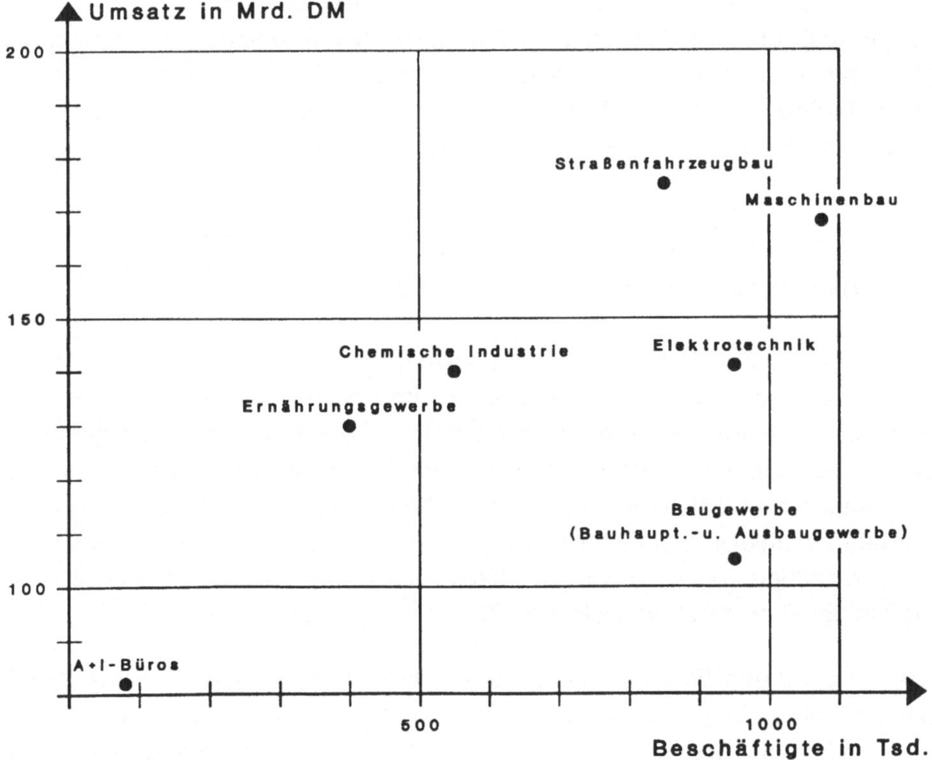

Bild 56:   Strukturzusammenhänge

Auf der Abszisse wurden die Beschäftigten aufgetragen, auf der Ordinate der Umsatz.

- Straßenfahrzeugbau
- Maschinenbau
- Elektrotechnik
- Chemische Industrie
- Ernährungsgewerbe

zusammen machen:

- 60 % des Umsatzes des verarbeitenden Gewerbes aus
- 56 % der Arbeitsplätze im verarbeitenden Gewerbe
- 66 % des gesamten Exports

aus.

Die positiven Auswirkungen des Binnenmarktes werden sich aus unserer Sicht für den Maschinenbau aufgrund des wachsenden Zwanges zur Modernisierungsinvestition, im Fahrzeugbau wegen der teilweise deutlichen Senkung der Mehrwert- und Mineralölsteuersätze in wichtigen EG-Teilmärkten und in der Elektrotechnik infolge der Liberalisierung der öffentlichen Auftragsvergabe zeigen. Dies natürlich mit positiven Wirkungen auf Architekten- und Ingenieurbüros.

7.4   Dienstleistungen, "Dienst" und die freien Berufe

Wenn von der Entwicklung der Dienstleistungsgesellschaft die Rede ist, denkt man im allgemeinen an die von Jean Fourastier entwickelte These, daß die Wirtschaft sich von der Agrargesellschaft über die Industriegesellschaft hin zur Dienstleistungsgesellschaft entwickelt. Diese Drei-Sektoren-Theorie beruht auf der Annahme, daß sich die Menschen mit ihren verfügbaren Einkommen so viel an Nahrungsmitteln und Gütern leisten könnten, daß sich in diesem materiellen Bereich Sättigungserscheinungen zeigen und damit die überschüssige Kaufkraft in den Dienstleistungssektor fließt.

Dies mag für den Friseurbesuch, soziale Dienste, die Ferienreise usw. zutreffen. Das ist aber nur ein Teilaspekt. Die Dienstleistungsgesellschaft ist nämlich ein Produkt der Industrie. Jedes Unternehmen wird vor die Entscheidung gestellt: Eigenherstellung oder Fremdbezug? Manche Betriebe haben ihre eigene Bauabteilung, andere beziehen die Dienstleistungen von Architekten und Ingenieuren. Ob es die Steuerabteilung, die Werbeabteilung ist, man konnte Kosten sparen, wenn man die Dienstleistung am Markt bezog.

Manchmal spielt nicht einmal der Preis, das Honorar, die entscheidende Rolle. Bei Fremdbezug gibt es kein Tarifrecht, keine Mitbestimmung, keinen Kündigungsschutz. Man konnte sich also wirtschaftlichen Wechsellagen anpassen, weil Dienstleistungen von Freiberuflern keiner Arbeitszeitregelung unterliegen, und erwiesenermaßen ihr Urlaubs- und Krankheitsverhalten anders ist als bei abhängig Beschäftigten.

In diesem Zusammenhang ist es nicht uninteressant, dem Wandel des Begriffes "Dienst" hier schon einmal historisch nachzugehen und vor allem seinen Einfluß auf die gebaute Substanz und die räumliche Anordnung zu beobachten.
Zur Signatur der Feudalzeit gehörte die Abhängigkeit des Dienenden von seinem Herrn, gewöhnlich auf lange Zeit, nicht selten für das ganze Leben. Der untreue Diener wurde entlasssen, verjagt.

Erst die liberale Epoche, mit Renaissance und Humanismus einsetzend, läßt Auflockerung und später Auflösung dieser Bindungen und Abhängigkeiten zu, wie Aufhebung der Leibeigenschaft, Beseitigung der Zunftordnungen, Proklamation der Gewerbefreiheit.

Nach schweren Jahrzehnten des Übergangs findet man um die Mitte des 19. Jahrhunderts einen neugewonnenen Raum politischer, wirtschaftlicher und persönlicher Freiheit vor.

Aufgelöst wurden die persönlichen Bindungen zwischen Herr und Diener, gebunden wurden die freigesetzten Menschen durch Leistung und Gegenleistung, Gesetz und Vertrag.

"Nun tritt der Markt an die Stelle feudaler Lebensformen . . ." [5]. Der Markt drängt sich selbst in die bisher streng persönlich gestalteten Dienste. Erst wurde das Waschen, Bügeln, Stärken, Flicken dem Haushalt abgenommen, und es entstanden Wäschereien, Bügelanstalten und neben der Hausschneiderin, Weißnäherin, Stickerin die Wäschefabrik, Kleider- und Strumpffabrik und vielen andere Gewerbe, die sich mit der menschlichen Bedarfsdeckung befaßten. Dann trat eine Gegenbewegung ein, man ging heraus aus dem Markt und zurück in den Haushalt.

---

[5]   Linhardt, Hanns: Das Dienstleistungsunternehmen: Genealogie - Topologie - Typologie; in: Dienstleistungen in Theorie und Praxis, Stuttgart 1970, S. f ff.

Mit der Waschmaschine im Privathaushalt ist die Großwäscherei auf Hotels, Anstalten, Krankenhäuser angewiesen. In Verbindung mit weiteren Haushaltsgeräten (Spülmaschinen, Staubsaugern usw.) ist auch das Haushaltspersonal weitgehend entbehrlich geworden. Dies hatte aber auch Konsequenzen für die räumliche Ausstattung. Die Wohnräume wurden reduziert, die Nebenräume (für Gesinde, Geräte, Vorräte und Stallung) sowie Dachkammern, Speicher konnten weitgehend entfallen oder verkleinert werden.

"Aus unserer modernen Wohnweise leiten sich gewerbliche Dienstleistungen her, die den Haushalt entlasten, den Nutzraum reduzieren, die Vorrätigkeit einschränken und alles in allem trotz gelegentlichen Ärgers das Leben angenehmer machen. Ein Teil dieser Dienstleistungen ist, wie dargelegt, aus früheren Haushaltsverrichtungen ausgegliedert. Ein anderer Teil jedoch hat niemals zuvor im Haushalt stattgefunden. Es ist derjenige Teil, der auf der Technik und ihren Neuerungen beruht und völlig neuartige Funktionen entwickelt hat, wie der Wartungsdienst für die Ölfeuerung, für Licht-, Warn- und Klimaanlagen, Wasch- und Spülmaschinen." [6]
"Der Markt hat also den Dienst nicht verdrängt, er hat ihn gewandelt, sogar erweitert und bereichert. Zahlreiche Berufe sind verschwunden, ihre Träger entweder gestorben oder umgeschult und in Wirtschaft und Verwaltung beschäftigt. Mit dem Feudalherrn ist das persönliche Dienstverhältnis verschwunden, an seine Stelle tritt das erwerbswirtschaftliche Dienstleistungsunternehmen, natürlich nicht ausnahmslos und restlos, aber unverkennbar in der gegenwärtigen Tendenz und auch noch in der zukünftigen Entwicklung." [7]

7.5 Auswirkungen auf die bauausführende Wirtschaft mit Rückwirkungen auf die Architekten- und Ingenieurbüros

Was muß die bauausführende Wirtschaft erwarten?

- Die EG-Kommission will den Geltungsbereich der Richtlinie - bisher galt er nur für einen Teil der öffentlichen Aufträge - wesentlich erweitern. Auch manches private Unternehmen, jeder Empfänger von öffentlichen Fördermitteln sowie Energieversorgungs- und Beförderungsunternehmen sollen nur noch nach EG-Recht bauen dürfen.

---

[6] Ders., a.a.O., S. 10/11.

[7] Ders., a.a.O., S. 4 ff.

- Die EG-Baukoordinierungsrichtlinie enthält in ihrer geltenden Fassung einen
  Schwellenwert für die Anwendung der Richtlinie von 1 Mio Ecu (1 Ecu = ca.
  2,06 DM). Der vorliegende Entwurf sieht demgegenüber einen aufgespalte-
  ten Schwellenwert vor. Die Bestimmungen über die Veröffentlichung von
  Bauvorhaben sollen ab einem Auftragswert von mindestens 7 Mio Ecu
  angewandt werden, die übrigen Regelungen der Richtlinie sollen bereits ab
  einem Auftragswert von mindestens 700.000 Ecu Anwendung finden.

  Besteht ein Bauvorhaben aus mehreren, in Lose unterteilte Aufträgen, bei
  denen die Arbeiten aufgeteilt werden, gilt eine Sonderregelung. Beträgt der
  Gesamtwert der Lose mindestens 7 Mio. Ecu, sollen die Veröffentlichungs-
  vorschriften auf alle Lose angewandt werden, deren individuell geschätzter
  Auftragswert jeweils mindestens 700.000 Ecu beträgt.

- Der Richtlinienvorschlag sieht eine Verpflichtung für öffentliche Auftraggeber vor, den erfolglosen Bietern innerhalb von 15 Tagen auf deren Verlangen die Gründe für ihre Nichtberücksichtigung mitzuteilen.

- Die Kommission will öffentliche Auftraggeber verpflichten, mindestens
  6 Monate vor dem vorgesehenen Zeitpunkt der Ausschreibung die wesentlichen Merkmale geplanter Bauvorhaben zu veröffentlichen.

- Die Zulässigkeit von Nebenangeboten und Sondervorschlägen wird im
  Richtlinienvorschlag erheblich eingeschränkt.

- Die vorgesehene Regelung zur Auswahl der Bewerber verpflichtet die Mit-
  gliedsstaaten, die Heranziehung von inländischen und ausländischen
  Unternehmen unter gleichen Bedingungen und ohne Diskriminierung
  sicherzustellen. Bei "nicht offenen Verfahren" ist aus diesem Grunde die
  Berücksichtigung ausländischer Bewerber "in angemessener Weise" zu
  gewährleisten.

- Der Richtlinienvorschlag sieht vor, daß ein ungewöhnlich niedriges Angebot
  dann nicht abgelehnt werden darf, wenn der niedrige Preis durch bestimmte
  Umstände begründet ist.

Man beachte, im Jahre 1984 lag der Stundenlohn in Deutschland bei 16,51 DM
und in Portugal bei 3,36 DM. Auch ist die Konzentration im Bauhauptgewerbe
(vgl. Bild 57) und der sog. Vorleistungsanteil (Subunternehmer) unterschiedlich
ausgeprägt. In der Bundesrepublik mit 51 % und in Italien mit 60 % ist dieser
gering, in Großbritannien mit 68 % und Frankreich 70 % entsprechend hoch.

Blickt man noch auf die Zahl der Architekten pro Einwohner (Tabelle 19), so scheint hier ein gewisser Zusammenhang zu bestehen.

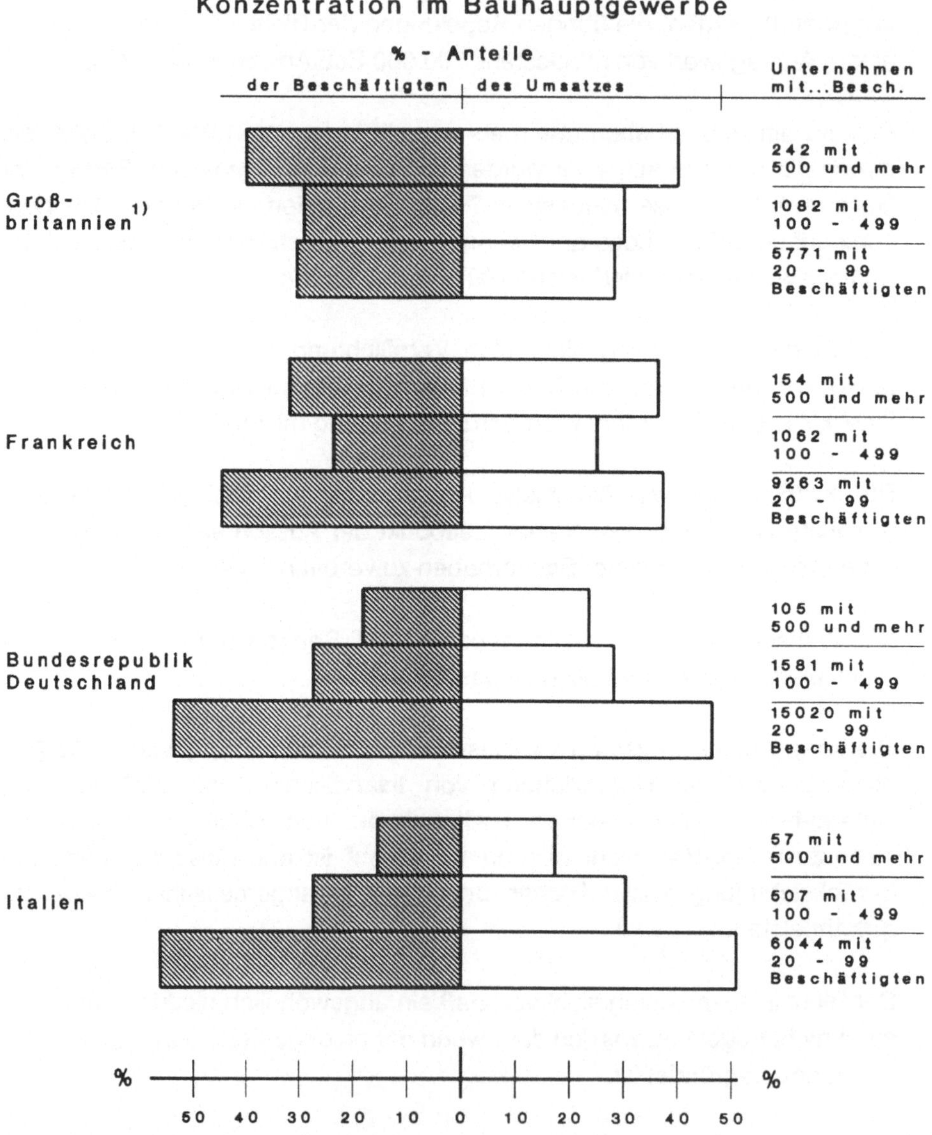

Bild 57:   Konzentration im Bauhauptgewerbe

Tabelle 19:   Architektendichte in Europa

Land	Zahl der Architekten	Einwohner	Architekten pro 1 Mio. Einwohner
Belgien	5.940	9.900.000	600
Dänemark	4.900	5.100.000	961
Frankreich	20.081	53.900.000	373
Griechenland	9.500	9.600.000	990
Irland	1.200	3.400.000	324
Italien	65.000	57.200.000	1.136
Luxemburg	125	360.000	347
Niederlande	2.500	14.200.000	176
BR Deutschland	60.424	61.300.000	985
Großbritanien	27.575	55.900.000	493
Spanien	10.391	37.800.000	275
Portugal		9.980.000	
Summe	**207.636**	**318.640.000**	**652**

Wo Generalunternehmer und viele Großbetriebe sind, haben wir eine geringe Architektendichte und umgekehrt. Unsere Prognose: "Planen und Bauen in einer Hand" wird zunehmen.

Außerdem kann durch die EG-Vorschriften eine Behinderung und Verzögerung von Baumaßnahmen eintreten. Wehe den Architekten- und Ingenieurbüros, die wegen fehlerhaften Vergabeverhaltens belangt werden.

7.6   Berufs- und Standesrecht sowie Honorarordnungen auf dem Prüfstand der EG

Das Berufsrecht der freien Berufe, das vertrauensbildende Faktoren enthält, wie Werbeverbot, Honorarordnungen, wird durch die Rechtsprechung des Europäischen Gerichtshofes allmählich ausgehöhlt. Unter Hinweis auf das Diskriminierungsverbot des EWG-Vertrages werden nationale Besonderheiten des Berufsrechts allmählich beseitigt. So will das Weißbuch der Kommission nicht mehr zwischen Gütern und Dienstleistungen unterscheiden. Die OECD verspricht sich von "innovierenden Formen der Ausübung der freien Berufe ..." positive Auswirkungen auf die Kosten und die Effizienz und denkt dabei sicher daran, die Tätigkeit der Kammern und das Verhältnis zwischen freien Berufen und Wettbewerbsrecht unter einer anderen Perspektive zu sehen.

Zwar ist in der Ausarbeitung vom 15. Nov. 1988 "Public procurement in the field of services" (The context for an EC directive) von der Abschaffung der HOAI keine Rede, aber wie der so sensible Stoff, der über viele Jahrhunderte national gewachsen ist, aufbereitet wird, läßt mittelfristig nichts Gutes ahnen.
Wie sich die Rechtschreibung den Weniglesern und -schreibern anpassen soll:

> der Arzt   - die "Erzte"
> der Plan - die "Plene",

so könnte sich auch mittelfristig die HOAI den Verhältnissen in Europa anpassen, denn man setzt nicht auf die Chancen des Aufholprozesses, sondern auf die verordnete Gleichheit, auf die Gleichmacherei, auf Nivellierung nach unten und wird so dem Harmoniegedanken gerecht.

Nach Art. 12 sind 6 Monate vor der beabsichtigten Ausschreibung die wesentlichen Merkmale der Aufträge im EG-Amtsblatt zu veröffentlichen. So manche Verwaltung kennt auch 6 Monate nach der Ausschreibung nicht die wesentlichen Merkmale ihrer Aufträge, wenn man an das magische Dreieck von Qualität, Zeit und Kosten denkt. Da kommt viel auf die Bauverwaltungen zu.
Andererseits will die Kommission einen Deregulierungsprozeß einleiten. Deregulierung bedeutet aber auch, den Subsidiaritätsgrundsatz zu beachten [8]. Die zweite Variante in Verbindung mit Deregulierung bedeutet Privatisierung. Schön wäre es. Doch ich wage es, zu prophezeien: Neben der Erweiterung von 12 nationalen Bürokratien wird eine "Super"-EG-Bürokratie entstehen. 300 Richtlinien lassen schön grüßen.

---

[8]   Der von der katholischen Soziallehre entwickelte Grundsatz für die Abgrenzung der Zuständigkeit staatlicher Daseinsvorsorge und ihrer Träger wird in zwei Varianten vertreten:

I.   Was der Mensch selbst tun kann, soll ihm nicht durch gesellschaftliche Tätigkeit abgenommen worden.

II. Daß immer die kleinsten, personen-nächsten Kollektive, welche die jeweilige Aufgabe bewältigen können, vorrangig zuständig sein sollten, und daß übergeordnete größere Kollektive nur insoweit Aufgaben übernehmen, wie sie kleinere Kollektive nicht mehr befriedigend bewältigen können.

Anhang 1:   Beschreibung der Kostenarten im Erhebungsbogen A
**   (vgl. Bild 20; S. 37)**

1.11 Kalkulatorisches Gehalt der oder des Inhaber(s)

Die meisten Planungsbüros werden in Rechtsformen geführt, bei denen - im Gegensatz zu Gesellschaften mit beschränkter Haftung (Geschäftsführergehälter) oder Aktiengesellschaften (Vorstandsgehälter) - ein kostenmäßiger Ansatz für den oder die mitarbeitenden Büroinhaber gefunden werden muß. Das wäre jener Betrag, den der Büroinhaber je nach Bürogröße und fachlichem Anforderungsprofil einsetzen müßte, um davon eventuell eine Kraft zu bezahlen, die dieselbe Verantwortung übernimmt und vergleichbaren Einsatz bietet. Dafür kann es natürlich keine Formel geben, auch keine **richtige** Größe, sondern nur **vergleichbare** Überlegungen. Als erster Anhaltspunkt könnte das Gehalt des höchstbezahlten Mitarbeiters unter Berücksichtigung eines Zuschlages für Mehrarbeit und Mehrverantwortung dienen. Dieser Ansatz sollte aber **keine** Gewinnbestandteile enthalten. Weitere Kriterien sind die Bürogröße, ein gewisses Spezialistentum usw..

1.12 Alterssicherung Inhaber

Diesem Punkt sind die Beiträge zum Versorgungswerk der Kammern und gegebenenfalls zur Lebensversicherung (evtl. Risikoversicherung) zuzuordnen. Hinweis: Falls gemäß Buchhaltung hierfür keine Ausgaben entstanden sind, orientieren Sie sich bitte bei den kalkulatorischen "Zusetzungen" an den jeweiligen Beiträgen zum Versorgungswerk der Kammern (diese sind, falls unbekannt, bei den jeweiligen Kammern nachzufragen) bzw. den Höchstsätzen der BfA.

1.21 - 1.24 Personalkosten für technische, kaufmännische Mitarbeiter, Auszubildende und sonstige Mitarbeiter

Diesen drei Kostenarten sind jeweils die vertraglich zugesicherten Gehälter und alle weiteren vertraglich festgelegten Zuwendungen zuzuordnen.

1.31 Gesetzliche Soziallasten (Sozialleistungen)

Gesetzliche Sozialleistungen umfassen als "Grundstock" die Arbeitgeberbeiträge zur gesetzlichen Rentenversicherung sowie zur gesetzlichen Kranken- und Arbeitslosenversicherung.

1.32 Freiwillige Soziallasten (Sozialleistungen)

Freiwillige Sozialleistungen umfassen Beihilfen, Gratifikationen, freiwillige Versicherungen, Betriebsfeiern, Aus- und Fortbildung, Essens- und Fahrgeldzuschüsse sowie "Renten" für ausgeschiedene Inhaber und Partner.

1.4 Honorare für freie Mitarbeiter

Hierunter werden alle Mitarbeiter geführt, die nicht in einem Angestelltenverhältnis stehen, sondern mit dem "Büro" hinsichtlich der Vertragsform i.d.R. einen Dienstleistungsvertrag abgeschlossen haben.

1.5 Honorare für Leistungen Dritter

z.B. Modellbauhonorierung oder Honorierung für Besondere Leistungen und Gutachten der beteiligten "Sub-Büros".

2.   Kosten der Raumnutzung

Zu den Kosten der Raumnutzung zählt die tatsächlich bezahlte Miete oder alternativ ein kalkulatorischer Ansatz für die Nutzung eigener Räume. Ferner gehören dazu Strom, Gas, Wasser, Heizung, Büroreinigung und notwendige Reparaturen.
Für Privaträume, die ein Einzelunternehmer oder Personengesellschafter für betriebliche Zwecke zur Verfügung stellt, wird eine kalkulatorische Miete in die Kosten eingerechnet. Da der Inhaber für diese Räume keine Miete an sich selbst zahlt, sind die Überlegungen hier analog denen beim kalkulatorischen Inhabergehalt (z. B. ortsübliche Vergleichsmiete).

3.   Sachkosten des Bürobetriebes

Neben Büromaterial, Telefon, Porto, Fernschreiber und Anmietung von Büromaschinen sind die Abschreibungen für die Betriebsausstattung zu berücksichtigen, die das Finanzamt anerkannt hat.

4.   Kosten Fahrzeug

Außer Kfz-Abschreibung und der laufenden Unterhaltung (incl. Kfz-Steuer) müssen in jene Kostenartengruppe die bezahlten Kilometergelder, Taxi-, Bus- und Bahnfahrtkosten einbezogen werden.

5.   Reisekosten

Hierzu zählen Reise- und Unterkunftskosten.

6.   Kosten der Bürosicherung

Zu den Kosten der Bürosicherung gehören neben Berufshaftpflichtversicherung und Betriebsversicherung die Beiträge an Berufsorganisationen, Rechts- und Beratungskosten sowie Kosten, die mit der Information und Fortbildung im Zusammenhang stehen (z.B. Kurse, Tagungen, Kongresse).

7.   Repräsentation und Akquisition

Neben Bewirtung und Geschenken für Geschäftsfreunde sind auch die Kosten der Akquisition hier zu verbuchen. Außerdem sind die Kosten für die Herstellung von Broschüren und Ausstellungen hierunter zu berücksichtigen.

8.   Sonstige Kosten

Dazu zählen Bankspesen, Schuldzinsen und Steuern. Die Gewinnsteuern gehören nach der herrschenden Meinung nicht zu den Kosten. Es ist besonders darauf zu achten, daß es bei dieser Kostenart zu keiner Doppelnennung kommt, da z.B. die Grundsteuer bei den Raumkosten und die Kfz-Steuer bei den Fahrzeugkosten bereits erfaßt worden sind.

9.   Kalkulatorische Kapitalverzinsung

Die Notwendigkeit zur Verrechnung kalkulatorischer Zinsen als Kosten ergibt sich aus der einfachen Überlegung, daß das im Büro eingesetzte Kapital einen Werteverzehr darstellt, denn man könnte mit diesem auf dem Kapitalmarkt Zinsen erzielen. In der Finanzbuchhaltung werden als Aufwand nur die tatsächlich gezahlten Zinsen (für Fremdkapital) verrechnet. In der Kostenrechnung dagegen müssen kalkulatorische Zinsen für das gesamte betriebsnotwendige Kapital verrechnet werden, also auch auf das Eigenkapital. Dieses Eigenkapital verursacht zwar keine Zinszahlungen, es verursacht aber einen Nutzenentgang in jener Höhe, die man bei anderweitiger Anlage erzielen könnte.
Wir empfehlen, hierbei nachfolgende Formel zu berücksichtigen:

$$\text{Jahresumsatz in DM} \; \times \; \frac{4 \text{ Monate}}{12 \text{ Monate}} \; \times \; 6\,\%$$

Das heißt, wir gehen davon aus, daß das Büro rund vier Monatsumsätze vorhalten muß, um jederzeit seinen Zahlungsverpflichtungen nachkommen zu können. Ob die vier Monatsumsätze bei schlechter Zahlungsmoral der Auftraggeberseite ausreichen, oder ob ein anderer Zinssatz eingesetzt werden muß, ist von Fall zu Fall zu prüfen.

Erhebungsbogen A: Ermittlung der Kostenarten- und Umsatzstruktur für 1986

Zeilen-Nr.	Kosten-art Nr.	Kostenarten	Aufwand lt. Buchhaltung	Zusetzungen +	Absetzungen −	Kosten
a	b	c	d	e	f	g
1	1.1	Personalkosten Inhaber				
2	1.11	Kalkul. Inhabergehalt				
3	1.12	Alterssicherung Inhaber				
4	1.2	Personalkosten Mitarbeiter				
5	1.21	für technische Mitarbeiter				
6	1.22	für kaufm. Mitarbeiter				
7	1.23	für Auszubildende				
8	1.24	für sonstige Mitarbeiter				
9	1.3	Soziallasten				
10	1.31	gesetzlich				
11	1.32	freiwillig				
12	1.1-1.3	Summe Personalkosten				
13	1.4	Honorare f. Freie Mitarb.				
14	1.5	Honorare f.Leistungen Dritter				
15	2.	Kosten Raumnutzung				
16	3.	Sachkosten Bürobetrieb				
17	4.	Kosten Fahrzeug				
18	5.	Reisekosten				
19	6.	Kosten Bürosicherung				
20	7.	Repräsentation, Akquisition				
21	8.	Sonstige Kosten				
22	9.	Kalkul. Kapitalverzinsung				
23	2.-9.	Summe Sachkosten				
24	1.-9.	Gesamtkosten				

Umsatzstruktur:

a	b	c	d
25		Umsatz insgesamt	
26		Umsatz Neubau	
27		Umsatz Umbau/Modernisierung	
28		Umsatz Instandhaltung/-setz.	

Bemerkungen:

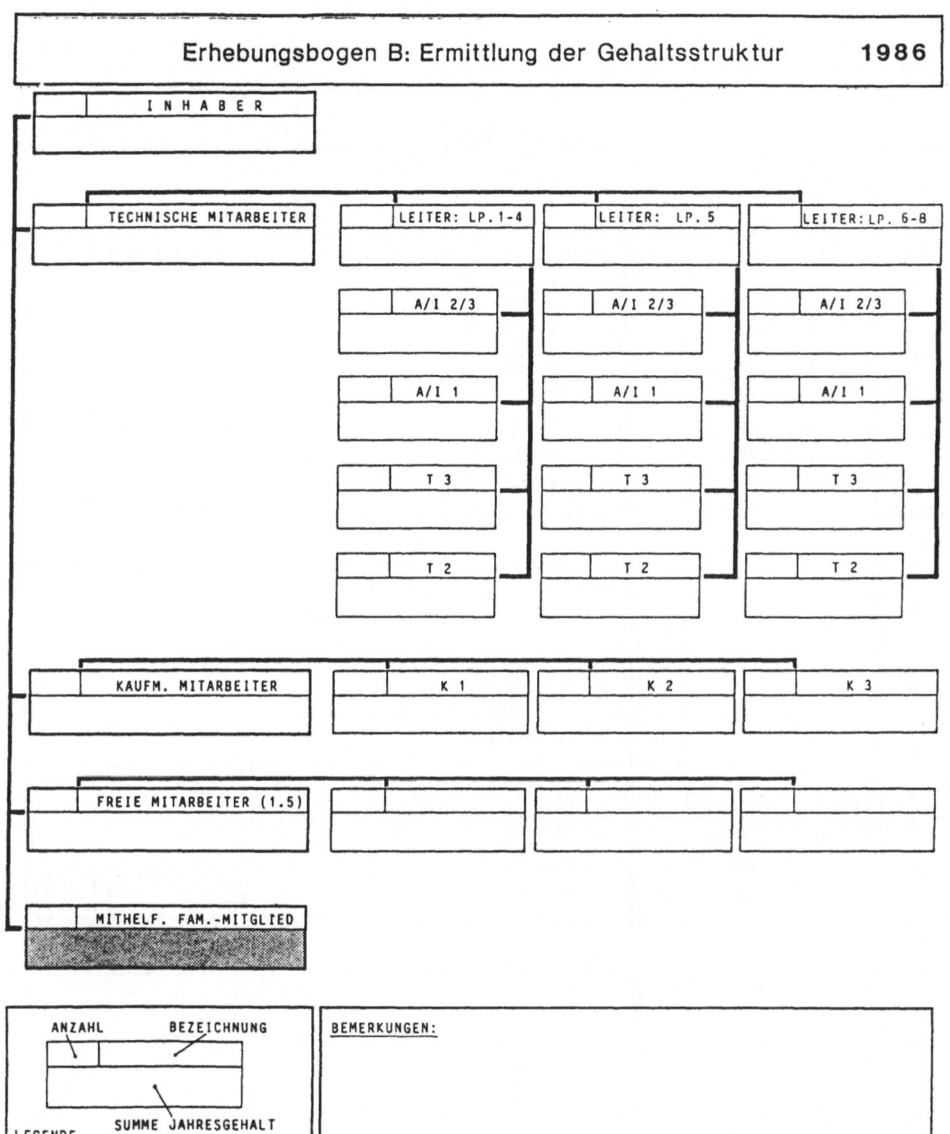

Erhebungsbogen B: Ermittlung der Gehaltsstruktur   1986
INHABER
TECHNISCHE MITARBEITER
LEITER: LP.1-4
LEITER: LP. 5
LEITER: LP. 6-8
A/I 2/3
A/I 2/3
A/I 2/3
A/I 1
A/I 1
A/I 1
T 3
T 3
T 3
T 2
T 2
T 2
KAUFM. MITARBEITER
K 1
K 2
K 3
FREIE MITARBEITER (1.5)
MITHELF. FAM.-MITGLIED
ANZAHL   BEZEICHNUNG
SUMME JAHRESGEHALT
LEGENDE
BEMERKUNGEN:

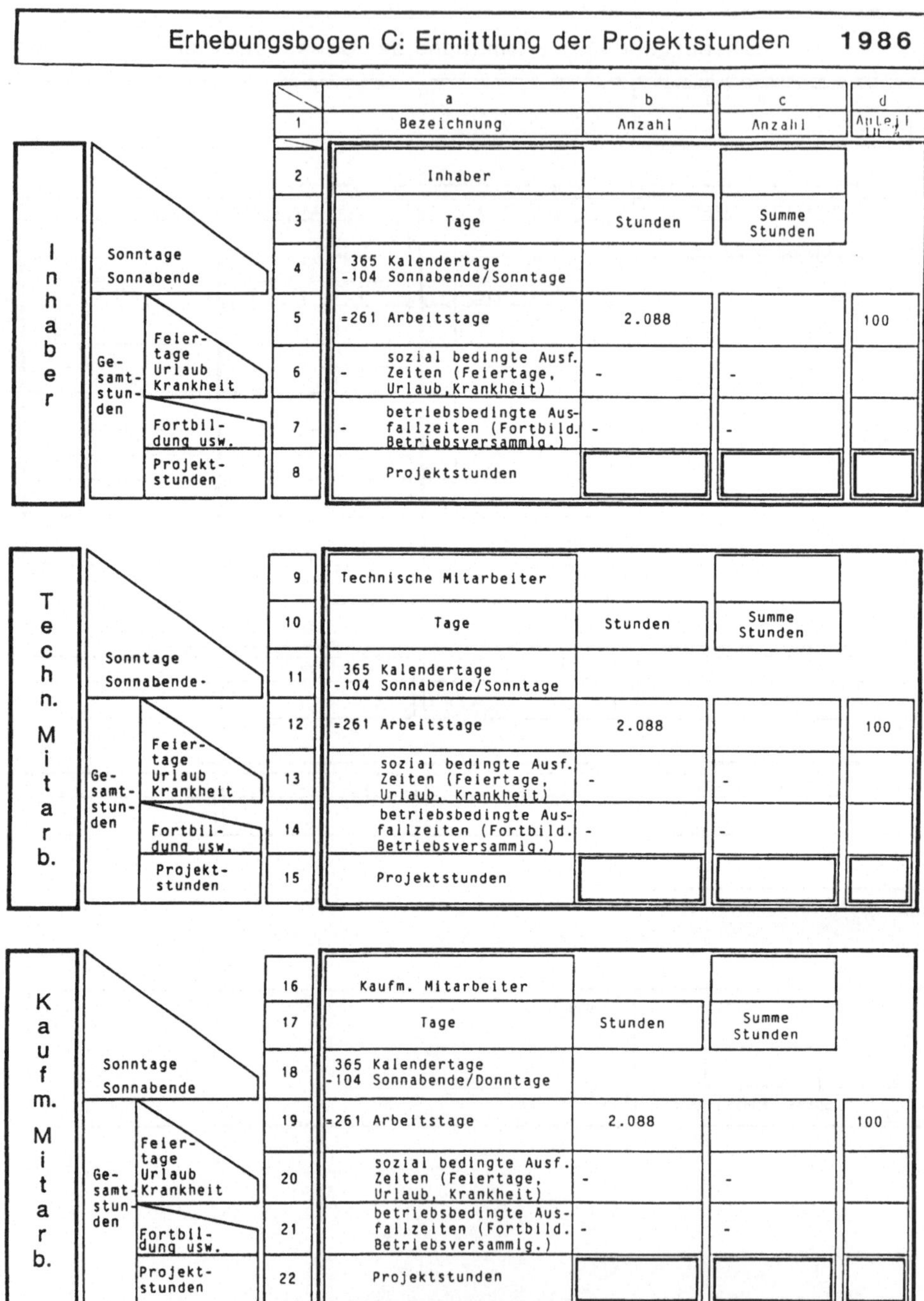

	a	b	c	d
1	Bezeichnung	Anzahl	Anzahl	Anteil in %
2	Inhaber			
3	Tage	Stunden	Summe Stunden	
4	365 Kalendertage -104 Sonnabende/Sonntage			
5	=261 Arbeitstage	2.088		100
6	- sozial bedingte Ausf. Zeiten (Feiertage, Urlaub,Krankheit)	-	-	
7	- betriebsbedingte Ausfallzeiten (Fortbild. Betriebsversammlg.)	-	-	
8	Projektstunden			

	a	b	c	d
9	Technische Mitarbeiter			
10	Tage	Stunden	Summe Stunden	
11	365 Kalendertage -104 Sonnabende/Sonntage			
12	=261 Arbeitstage	2.088		100
13	sozial bedingte Ausf. Zeiten (Feiertage, Urlaub, Krankheit)	-	-	
14	betriebsbedingte Ausfallzeiten (Fortbild. Betriebsversammlg.)	-	-	
15	Projektstunden			

	a	b	c	d
16	Kaufm. Mitarbeiter			
17	Tage	Stunden	Summe Stunden	
18	365 Kalendertage -104 Sonnabende/Donntage			
19	=261 Arbeitstage	2.088		100
20	sozial bedingte Ausf. Zeiten (Feiertage, Urlaub, Krankheit)	-	-	
21	betriebsbedingte Ausfallzeiten (Fortbild. Betriebsversammlg.)	-	-	
22	Projektstunden			

Erhebungsbogen D: Gehaltsentwicklung für technische und kaufmännische Mitarbeiter

Name/Gruppe	Berufserf.			Qualifikat.			Tätigkeit				1980	1982	1984	1985	1986	1987	1988
	0-3 J.	3-5 J.	>5 J.	TH	FH	Son.	LP 1-4	LP 5	LP 6-8	Son.							
1	2	3	4	5	6	7	8	9	10	11	12	13	14	15	16	17	18
A/																	
B/																	
C/																	
D/																	
E/																	
F/																	
G/																	
H/																	
I /																	

TECHNISCHE MITARBEITER (A/–F/)

KAUFM. MITARB. (G/–I/)

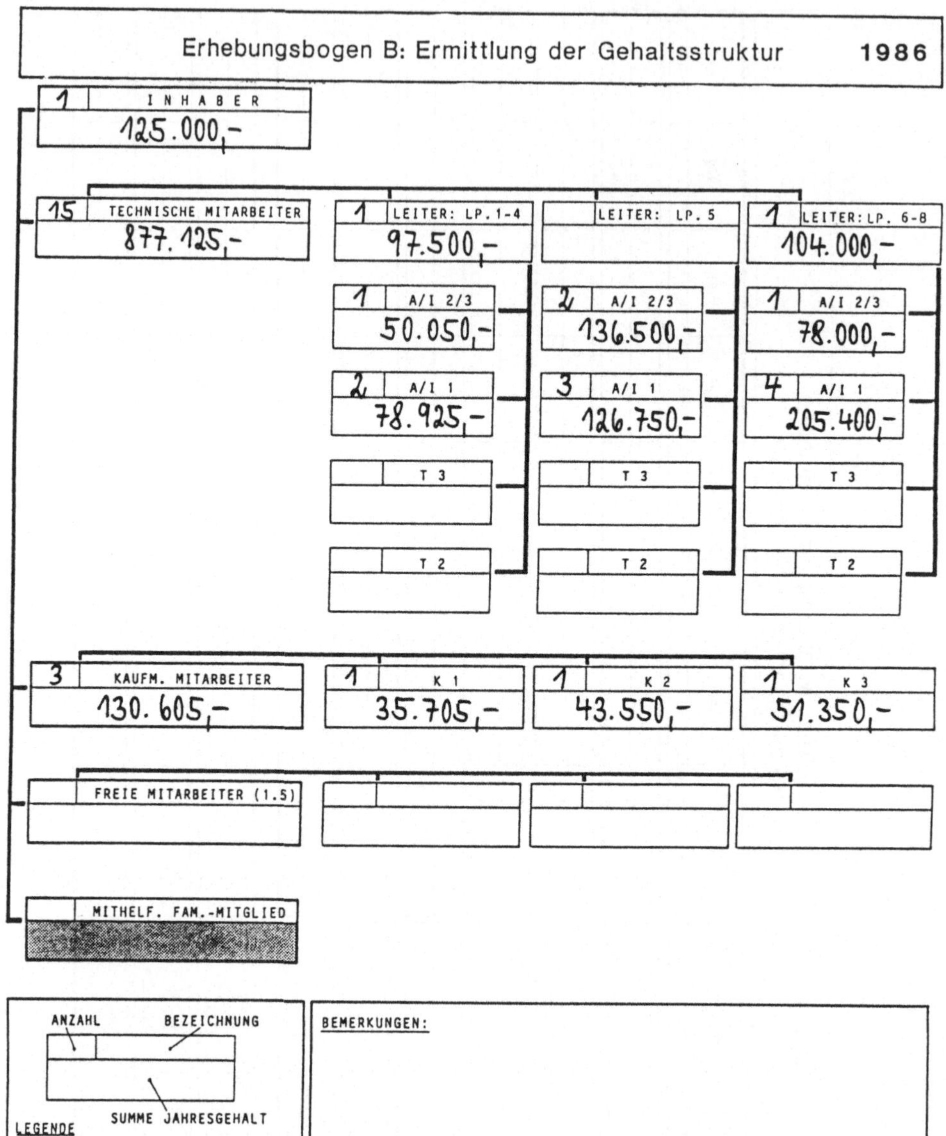

Erhebungsbogen B: Ermittlung der Gehaltsstruktur   1986
1   INHABER
125.000,-
15   TECHNISCHE MITARBEITER
877.125,-
1   LEITER: LP.1-4
97.500,-
LEITER: LP. 5
1   LEITER: LP. 6-8
104.000,-
1   A/I 2/3
50.050,-
2   A/I 2/3
136.500,-
1   A/I 2/3
78.000,-
2   A/I 1
78.925,-
3   A/I 1
126.750,-
4   A/I 1
205.400,-
T 3
T 3
T 3
T 2
T 2
T 2
3   KAUFM. MITARBEITER
130.605,-
1   K 1
35.705,-
1   K 2
43.550,-
1   K 3
51.350,-
FREIE MITARBEITER (1.5)
MITHELF. FAM.-MITGLIED
ANZAHL   BEZEICHNUNG
SUMME JAHRESGEHALT
LEGENDE
BEMERKUNGEN:

Sachwortverzeichnis

Praxis der Bauwirtschaft

Herausgegeben von Professor Dr. Karlheinz Pfarr

K. Pfarr

Trends, Fehlentwicklungen und Delikte in der Bauwirtschaft

1988. 39 Abbildungen. 142 Seiten. Gebunden DM 64,-. ISBN 3-540-18939-4

Die Bauwirtschaft hat in den letzten vierzig Jahren bedeutsame Leistungen vollbracht. Begleitet wurden sie jedoch von Fehlentwicklungen und deliktischen Erscheinungen. Das Buch behandelt das aktuelle, brisante Thema in völlig neuer Darstellung und erstmals frei von Polemik in wissenschaftlich sauberer Aufbereitung.

K. Pfarr, M. Koopmann, D. Rüster

Was kosten Planungsleistungen? Kalkulieren – aber richtig!

1989. 57 Abbildungen. 164 Seiten. Gebunden DM 64,-. ISBN 3-540-50439-7

Mit dieser Veröffentlichung werden Möglichkeiten aufgezeigt, wie Zahlenmaterial, das ohnehin im Büro anfällt, für die wirtschaftliche Führung ausgestaltet werden kann. Diese transparente Darstellung bietet aber auch den Auftraggebern von Planungsleistungen wichtige Entscheidungshilfen bei der Beauftragung von Planungsleistungen auf der Grundlage von Zeithonoraren.

M. Koopmann

Kostentransparenz und Kostenpolitik als Teil einer systematischen Immobilienpolitik

1989. 25 Abbildungen. 174 Seiten. Gebunden DM 64,-. ISBN 3-540-50674-8

Springer-Verlag Berlin Heidelberg New York London Paris Tokyo Hong Kong

Heidelberger Platz 3, D-1000 Berlin 33 · 175 Fifth Ave., New York, NY 10010, USA · 28, Lurke Street, Bedford MK40 3HU, England · 26, rue des Carmes, F-75005 Paris ·37-3, Hongo 3-chome, Bunkyo-ku, Tokyo 113, Japan · Citicorp Centre, Room 1603, 18 Whitfield Road, Causeway Bay, Hong Kong